U0299885

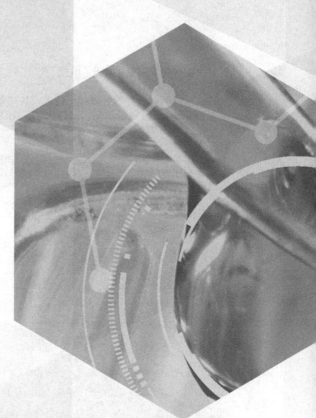

汉麻活性成分的分离纯化技术及其抑菌性能研究

李鹏 谢洋 杨帆 隋新 编著

黑龙江大学出版社
HEILONGJIANG UNIVERSITY PRESS
哈尔滨

图书在版编目（CIP）数据

汉麻活性成分的分离纯化技术及其抑菌性能研究 /
李鹏等编著． -- 哈尔滨 ： 黑龙江大学出版社，2022.8
ISBN 978-7-5686-0844-2

Ⅰ．①汉… Ⅱ．①李… Ⅲ．①大麻－生物活性－化学
成分－研究②大麻－分离－研究 Ⅳ．① S563.3

中国版本图书馆 CIP 数据核字（2022）第 110478 号

汉麻活性成分的分离纯化技术及其抑菌性能研究
HANMA HUOXING CHENGFEN DE FENLI CHUNHUA JISHU JI QI YIJUN XINGNENG YANJIU
李鹏　谢洋　杨帆　隋新　编著

责任编辑　李亚男
出版发行　黑龙江大学出版社
地　　址　哈尔滨市南岗区学府三道街 36 号
印　　刷　三河市佳星印装有限公司
开　　本　720 毫米 ×1000 毫米　1/16
印　　张　13.25
字　　数　210 千
版　　次　2022 年 8 月第 1 版
印　　次　2022 年 8 月第 1 次印刷
书　　号　ISBN 978-7-5686-0844-2
定　　价　48.00 元

本书如有印装错误请与本社联系更换，联系电话：0451-86608666。

前　言

汉麻是我国的传统作物,为五谷之一。它作为重要的经济作物,既可用于食品和纺织,又可入药。古人发现,以麻纺织,透气防潮、抑菌抗炎,《诗经》中已有"沤麻为布"的记载;麻籽是古代北方重要的油脂来源;《神农本草经》中有记载:麻子,主补中益气,久服肥健,不老;麻黄,祛风、止痛、镇惊,用于痛风、痹证、癫狂、失眠、咳喘;麻仁,润燥、滑肠、通便,用于血虚津亏、肠燥便秘。

随着科学的发展,汉麻的药用价值、有效成分和作用机制逐渐被现代医学明确。从20世纪60年代至今,人们已在汉麻中分离得到500余种化学成分,被分为植物大麻素和非大麻素两类。从汉麻中提取的活性物主要具有抗焦虑、抗抑郁和缓解心动过速等神经作用,抗氧化、抗炎、抗病毒和抗癌等生物活性,以及调节血压、血脂等保健作用。

大麻素类化合物以大麻二酚为代表,大麻二酚具有特殊的药理作用和巨大的市场应用前景,与其他大麻素之间还存在一定的协同效应。目前,大麻二酚及大麻素混合物已形成成熟的药品及保健品,被欧美国家深入开发并广泛应用于多种疾病的治疗及保健中。在非大麻素活性物中,目前被重点关注的主要有汉麻挥发油、汉麻生物碱和汉麻黄酮等。汉麻挥发油中含有丰富的对人体有重要生物活性的萜烯类化合物及大麻二酚,具有抗氧化和美白等多种功效,因此备受重视,以汉麻挥发油作为活性成分的化妆品,在欧美市场得到了快速发展。此外,我国汉麻的传统种植有"汉豆间作"或"麻豆轮作"的习惯,原因在于人们发现此种做法可以减少部分病虫害的发生。汉麻的抑菌和防虫机理可能与汉麻中丰富的萜烯类化合物及生物碱有关,虽然机理尚不明确,但是这种种植方式可以减少农药的使用量,符合生物农业的发展趋势,也为学者们提供了重要的研究切入点。

汉麻这种具有6 500年以上种植历史的作物,近年来成为天然产物化学、医学、药学和农学等领域的研究热点,针对汉麻各活性成分分离和应用的技术大量出现。随着 2019 年世界卫生组织在联合国麻醉药物委员会上提出了大麻管理系列建议,汉麻在世界范围的发展得到了有效的规范和认可。我国仅云南省及黑龙江省在严格的法律法规限制下,允许进行汉麻的繁育、科研及加工。通过多年积累,汉麻优秀品种和活性物纯化技术逐渐涌现,在世界汉麻舞台上也已占有一席之地。

本书结合实验数据,整理并介绍了汉麻活性物分离纯化工艺和分析检测方法,简述了汉麻活性物的部分抑菌作用,可作为汉麻活性物开发的参考书籍。

本书研究得到黑龙江省重点研发计划指导类项目 1 项和黑龙江省科学院科研基金项目 1 项的支持。

感谢黑龙江大学出版社的大力支持,感谢各位编者为本书撰写做出的贡献!

编　者
2022 年 2 月

目　录

第1章 绪论

1.1 大麻与汉麻

大麻(*Cannabis sativa* L.),又称火麻、黄麻、线麻、野麻和山丝苗等,是大麻科大麻属的一年生草本植物。多为灌木,稀缠绕藤本或直立草本,叶对生或互生,具腺毛,叶全缘或掌状分裂;托叶分离或联合,早落。聚伞花序单生于叶腋;花单性,雌雄同株,稀雌雄异株,不显著;雄花:花被片5,雄蕊5,与花被片对生;雌花:子房上位,1室,具2个干柱头和1个倒生胚珠。果实为核果、瘦果或带翅小坚果,种子具弯曲或卷曲的胚。

大麻科植物广布全球(南极洲除外),主要间断分布于新旧世界的热带和亚热带,部分物种延伸至温带地区,并表现出复杂的性状演化模式。该科物种丰富度较高的 *Celtis*(约106种)和 *Trema*(约46种),间断分布于全球热带至温带地区;*Aphananthe*(约5种)零散分布于东亚、南亚、东南亚、澳大利亚、墨西哥和马达加斯加;*Humulus*(3种)广布于全球北温带地区;*Cannabis*(约2种)、*Chaetachme*(1种)、*Gironniera*(6种)、*Lozanella*(1种)、*Parasponia*(约10种)和 *Pterocelitis*(1种)呈现地区性狭域分布。分布于中国的大麻科植物约7属25种,南北均产。

目前,广泛种植的大麻主要有两个亚种。一个亚种是在斯里兰卡和中国等地生长的火麻(*Sativa* 型),它是一种植株较高、强韧、耐寒的一年生草本植物,其纤维可用于编织,种子可入药、榨油。它枝干较高而细长,稀疏分枝的茎和长而中空的节中只含微量四氢大麻酚(Tetrahydrocannabinol,THC)。另一个亚种是曾在印度和中亚广泛种植的印度大麻(*Indica* 型),其植株矮小、多分枝。其叶子、花或树脂及其提取物随着剂量的不同,可以让人呈现失去知觉、陶醉、放松或者昏睡、记忆混乱、产生冲动和幻觉等不同的精神状态。两种大麻亚种植株如图1-1所示。

Sativa　*Indica*

图1-1　大麻亚种植株

大麻植株中具有致幻成瘾作用的精神活性成分是THC。国际上根据大麻开花期雌株顶部叶片和花穗中THC含量的高低,将大麻分为药用型(THC > 0.5%)、中间型(0.3% < THC < 0.5%)和纤维型(THC < 0.3%),其中纤维型大麻被认为不具有毒品价值,又被叫作工业大麻(industrial hemp)。

我国严格控制种植的大麻品种,目前我国种植的大麻基本都属于纤维型大麻,即THC含量小于0.3%的工业大麻。因此,中国大麻一般统称为汉麻,这样既体现了它是中国的本土植物,又谐音其英文名字"hemp"。汉麻是一种高附加值的工业大麻,不具备提取毒性成分的价值,在我国法律和法规的监督管理下,是可以规模化种植与工业化利用的。

汉麻在我国种植历史长达6 500年,是我国传统五谷之一,是人类最早用于织物的天然纤维,素有"国纺源头,万年衣祖"之称。其用途非常广泛,皮可剥制成纤维,用于织布、造纸和制作绳索;种子可食用、榨油;花和叶可入药;茎秆可用于制造密度板等新型复合材料。因此,汉麻及其制品广泛应用于人们生活及工农业生产中。

在中国,汉麻的药用价值始载于《神农本草经》,常以种子入药,中医称之为"火麻仁"或"大麻仁",主补中益气,久服肥健,不老。麻黄,祛风、止痛、镇惊,用于治疗痛风、痹证、癫狂、失眠和咳喘;麻仁,润燥、滑肠、通便,用于治疗血虚津亏和肠燥便秘。

进入 21 世纪,因科学技术的飞速发展和创新意识的逐步提升,各国工业大麻的应用正从单一的纺织行业转移到食品、麻油、生物塑料和医药等领域,呈现出多元发展的格局。特别是在医药方面,其提取物的药用价值得到了极大重视,开发速度异常惊人。2013 年起,各方面因素大规模促进了药用大麻在美国的合法化。与此同时,大麻提取物及大麻二酚的相关专利和授权也分别由美国、加拿大、日本、瑞士、德国及中国所拥有。

现代药理学研究表明,大麻具有精神活性以及消炎、抗菌、镇痛、缓解慢性疼痛、降压、调节血脂、抗肿瘤、抑制呕吐、抗氧化和调节机体免疫力等活性。汉麻提取物也可以作为食欲促进剂和抗恶心药物,辅助治疗由于化疗或辐射引起的恶心或神经退化。

1.2 汉麻的活性成分及活性作用

当前,人们对汉麻的成分和结构了解得越来越深入。汉麻活性成分已被鉴定出 500 余种,但尚有很多未被鉴定的化合物。汉麻的化学成分较丰富,主要有类脂物、大麻素、黄酮类化合物、萜烯、碳氢化合物、非环形大苯酚、木脂素、生物碱、柠檬酸和环形大麻酚等。每种化学成分的含量在不同品种的汉麻中,甚至在同一种汉麻的不同部位,也是完全不同的。下面对汉麻常见的活性成分及活性作用进行介绍。

1.2.1 汉麻多酚类化合物

1.2.1.1 汉麻多酚的分离测定方法

植物多酚种类繁多,且多为混合物,有些还通过氢键和疏水键与蛋白质、多糖或其他成分以复合物形式存在。目前,提取植物多酚比较常用的方法有溶剂浸提法、微波辅助溶剂浸提法、超声波辅助溶剂浸提法、生物酶解法、超临界流体萃取法和加压液相萃取法等。溶剂浸提法主要用于提取可溶性酚类化合物,是较为常用的多酚提取方法,适用范围广。甲醇、乙醇和丙酮常用于植物多酚溶剂浸提。因为多酚来源不同,所以其适宜的浸提时间、温度和溶剂等提取条件均有所不同,最为常用的是 60% ~70% 的乙醇。近年来,多采用超声波或微波辅助溶剂浸提法来提取植物多酚,利用超声波和微波的破壁效果、热效应及分散效应等增加有效成分的溶解,目前,该方法已广泛应用于食品、生物样品及环境样品的分析与提取。超临界流体萃取法是一种高效的萃取技术,选择性好,无有机溶剂残留。生物酶法效率高,条件温和,但成本较高。

沉淀分离法是植物多酚粗分离的常用方法,该方法的关键是选择合适的沉淀剂。常用沉淀剂有四类:蛋白质类、生物碱类、无机盐类和高分子聚合物类(如聚乙烯吡咯烷酮和环糊精等),由于其他三类沉淀剂成本较高,因此最为常用的是无机盐类。大孔树脂法也是多酚分离的常用方法之一,成本较低,分离效果较好,但是溶剂使用量较大,实验中常用树脂的种类有 D – 101、AB – 8、NKA – 2、NK – S3 和 XAD – 4 等。膜分离法可在常温条件下操作,工艺简单,不污染环境,不破坏植物多酚,但膜价格偏高,产品纯度偏低。

总多酚含量的测定一般采用 Folin – Ciocalteu 法(F – C 法)和普鲁士蓝法。F – C 法是克服了 Folin – Denis 法的不稳定特点优化而成的,其原理是应用酚羟基数目与氧化试剂所形成的有色化学物质的量在一定范围内呈线性关系及酚羟基的还原性。F – C 法的优点是成熟、稳定、快速、对仪器设备要求低,缺点是不能区分单宁类和非单宁类多酚,也不能区分样品中多酚和其他易氧化物质。薄层色谱法适用于小分子物质的快速检测分析和少量物质的分离制备,在多酚的分析和测定中也有着重要的地位。色谱 – 质谱联用法用于分析和鉴定植物多酚,其分离效率高、分辨能力强、灵敏度高、分析速度快,在定量的同时还可以对每种成分的结构进行解析,在有条件的实验室,是最重要的植物多酚分析方法之一。

1.2.1.2 大麻素类物质

在被鉴定的汉麻化学成分中,酚类物质超过 1/5,其中最重要的,也是汉麻的标志性化合物,即大麻酚类化合物,也称大麻素,汉麻的很多药理作用就源于这类独特的化合物。植物大麻素是 21 ~22 碳化合物,分为 11 种结构类型。目前,已在汉麻中发现了超过 120 个品种,包括大麻二酚(CBD)、THC、大麻酚(CBN)、大麻萜酚(CBG)、大麻环萜酚(CBC)、脱氢大麻二酚(CBND)、大麻艾尔松(CBE)、大麻环酚(CBL)和二羟基大麻酚(CBT)等。按照结构特点将其分类,如表1-1所示。

表1-1 大麻素结构分类

类型	化合物	结构
CBG 型	CBG	
CBC 型	CBC	
CBD 型	CBD	
Δ^9 – THC 型	Δ^9 – THC	

续表

类型	化合物	结构
Δ^8 – THC 型	Δ^8 – THC	
CBL 型	CBL	
CBE 型	CBE – C5	
CBND 型	CBND – C5	

续表

类型	化合物	结构
CBN 型	CBN	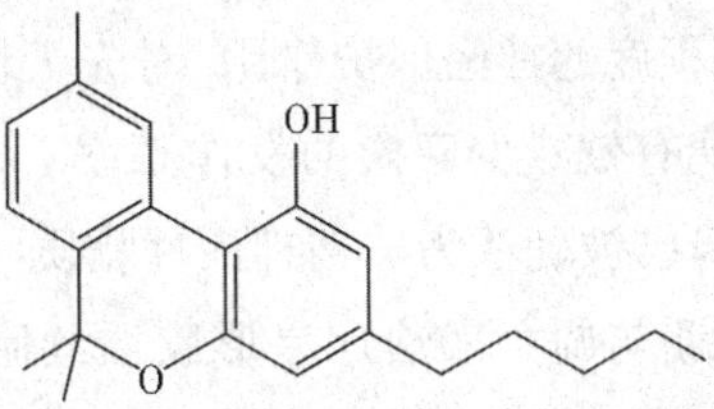
CBT 型	CBT - C5	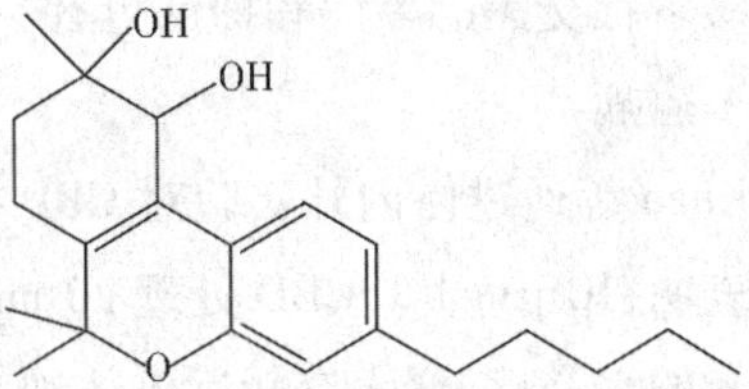

1.2.1.3　主要大麻素 CBD 与 THC

（1）CBD 与 THC 简介

在众多的大麻素类化合物中,最重要的两种化合物是 CBD 和 THC。CBD 是一种脂溶性非精神活性大麻素,口服生物利用度较低,约为6%,在肝、心、脑、肺、眼睛、子宫、脂肪、肌肉、胎盘和乳汁等组织器官及体液中广泛分布,能够与大麻素受体 1（CB1）、大麻素受体 2（CB2）、瞬时受体电位香草素 1（TRPV1）、G 蛋白偶联受体 –55（GPR –55）和过氧化物酶增殖物激活受体 –γ（PPAR –γ）等多靶点相互作用,可用于治疗帕金森病、阿尔茨海默病和癫痫等多种疾病,且具有良好的耐受性和较高的安全性。因此,CBD 在医疗领域的研究和应用得到了广泛关注。

THC 是一种精神活性大麻素,常通过口服和吸入方式给药,吸收入血后可与血浆蛋白紧密结合,经血液循环快速进入脑、脊髓、肺、肝、肾、脂肪和皮肤等组织器官中,并与 CB1 特异性结合,从而发挥镇痛、抗炎、保护神经、抗惊厥、刺激食欲、调节免疫、抗氧化和止吐等作用。但 THC 的“高”精神活性会引发一系列严重的不良反应,包括致幻性和成瘾性,因此其在临床上的应用受到限制。

（2）CBD 与 THC 的药理作用

①神经保护作用

CBD 具有独特的神经保护作用，开发价值极高。CBD 在一定浓度范围内具有不同程度的神经保护作用，对先天性癫痫具有一定的抑制效果，尤其是小儿癫痫，能有效减少癫痫的发作频率。CBD 也可以减少神经系统对 THC 的依赖性，自身已被确认为非精神活性物质，无成瘾性。另外，CBD 可通过调控神经细胞的代谢与凋亡来治疗星形胶质细胞功能障碍，并通过减轻神经性炎症等机制，恢复或部分恢复缺糖缺氧等因素所导致的脑功能受损伤。研究表明，CBD 对于缓解社交焦虑障碍和抑郁也有一定的作用。

A 癫痫

Khan 等通过体内外实验对 CBD 抗癫痫的作用机制进行了深入探究。研究结果表明，10 μmol/L CBD 处理 20 min，抑制了无 Mg^{2+} 溶液诱导锥体细胞间单一突触的兴奋性，增强突触后锥体细胞的快速刺激和适应性神经元引起的抑制性突触电位。体内研究发现，单次注射 100 mg/kg CBD，在 0 min 和 90 min 时，均可明显抑制红藻氨酸诱导的大鼠海马 CA1 锥体细胞区的小清蛋白（PV）和胆囊收缩素（CCK）中间神经元的萎缩和死亡，发挥神经保护作用。Miller 等通过临床观察发现，婴儿严重肌阵挛性癫痫患者接受 10 mg/kg/d 和 20 mg/kg/d 的 CBD 口服治疗 14 周后，癫痫发作频率和抗癫痫药物的使用量均明显减少，且 10 mg/kg/d CBD 的安全性和耐受性优于 20 mg/kg/d CBD。

B 帕金森病

临床研究指出，38 名帕金森病患者每日吸食大麻（0.9 ± 0.5）g，连续（19.1 ± 17.0）个月，跌倒、疼痛、抑郁、震颤和肌肉僵硬症状明显减轻，睡眠障碍得到改善，且未出现严重的不良反应。药理实验表明，10 μmol/L CBD 预处理 24 h 可以显著增加 MPP^+（1 - 甲基 - 4 - 苯基吡啶离子）诱导的神经母细胞瘤细胞 SH - SY5Y 的存活率，降低半胱天冬酶 3 和多聚二磷酸腺苷核糖转移酶 PARP - 1 的表达，提高酪氨酸氢化酶活力，减少细胞凋亡。而且，CBD 还可以降低自噬蛋白 LC3 的表达水平，参与自噬调节过程。

C 阿尔茨海默病

Shelef 等通过临床观察发现，每次服用 2.5 ~ 7.5 mg MCO（含 THC 的医用大麻油），每天 2 次，长期服用，可以显著改善阿尔茨海默病患者的精神及心理状况,对患者表现出的妄想、激越、易怒、冷漠和睡眠障碍等症状有较好的抑制和改善作用。同时发现,大麻素与常规治疗药物之间可能存在一定的协同作用,若对此加以研究和利用,或许能够扩大阿尔茨海默病的用药范围,提高药物的生物利用度。Libro 等使用 5 μmol/L CBD 处理牙龈间充质干细胞(GMSCs)24 h,显著下调了阿尔茨海默病相关基因的表达,并通过激活 TRPV1 受体促使 PI3K/AKT 信号转导,诱导糖原合成酶激酶 – 3(GSK – 3β)失活,阻止 Tau 蛋白磷酸化和 β – 淀粉样蛋白(Aβ)生成,符合阿尔茨海默病在分子生物学层面的治疗机理,阻碍了阿尔茨海默病的发病进程。

D 创伤后应激障碍

大量报道显示,大麻(或汉麻)中的 CBD 和 THC 等成分可用于缓解由创伤后应激障碍所导致的焦虑、情绪激动和神经性疼痛等,同时可减少失眠和噩梦。因此,在治疗创伤后应激障碍患者时,欧美国家医生经常使用这些活性成分或大麻(汉麻)原花叶。药理研究表明,腹腔注射 0.3 mg/kg THC 或 0.1 mg/kg THC 及 10 mg/kg CBD 可以阻止创伤后应激障碍模型动物的恐惧记忆再现,缓解焦虑和紧张情绪。Cohen 等通过总结文献发现,大麻素还可以通过介导 CB1 受体、CB2 受体、阿片受体和 5 – 羟色胺受体(5 – HT1A)发挥镇静镇痛、抗惊厥、抗焦虑和抗炎等作用,从而缓解创伤后应激障碍引发的相关症状。

②抑菌抗炎症作用

人们很早就发现,利用麻类纤维制作的衣物具有一定的抑菌抗炎作用。有研究表明,CBD 可通过控制炎性因子(TNF、ROI、NO)水平及调控干扰素的产生等手段辅助机体进行代谢和免疫调节。现代医学研究发现,THC 和 CBD 对超级细菌和耐氟喹诺酮金黄色葡萄球菌的抑制效果弱于对葡萄球菌和链球菌的抑制效果。同时,汉麻提取物具有一定的抗神经炎症作用。汉麻中特有的次生代谢产物 CBD 和 THC 表明,汉麻植物可作为一种潜力药物来应对药物滥用产生的耐药性。

近年来,关于 CBD 治疗多发性硬化症的研究广泛且深入,其作用机制可能包括:抑制 γ 干扰素(IFN – γ)、白细胞介素 – 17(IL – 17)和白细胞介素 – 6(IL – 6)等炎性因子的分泌,保护神经元;促进 T 细胞耗竭、耐受;增加 IFN 依赖性转录,提高其在 T 细胞中的抗增殖活性;阻碍抗原递呈,在激活记忆 T 细胞中发挥免疫调节作用;增强其抗氧化活性,消除氧化应激诱发的炎症;阻止 Fas 通路活化和 ERKp42/44 磷酸化,抑制 Bax/Bcl－2 失衡引起的线粒体通透性增加。

③抗癌作用

近年大量研究指出,大麻素类化合物对乳腺癌、结肠癌、脑癌、胶质瘤和卵巢癌等多种癌症均具有一定的治疗作用。CBD 和 THC 均可在一定程度上抑制肿瘤细胞的增殖,转移并诱导其自噬或凋亡,其中 THC 还能减轻癌症或化疗带来的疼痛感。CBD 对神经胶质瘤、白血病和前列腺癌也有一定的抑制作用,其作用机理是调控肿瘤细胞的神经酰胺的积累和翻译起始因子的磷酸化,共同诱导肿瘤细胞的自噬和凋亡。另外,非精神活性大麻素和大麻脂被用于诱导白血病细胞的凋亡。

白血病细胞暴露于 CBD 会导致 CB2 介导细胞存活并诱导凋亡。此外,用 CBD 治疗会使体内肿瘤负荷显著减小,凋亡性肿瘤增加。这项研究结果表明,通过 CB2 和 Nox4(还原型辅酶 II 氧化酶 4)调节 p22－phox 基因的表达可能是一种新颖且具有高度选择性的白血病治疗方法。Elbaz 等研究发现,雌性 nu/nu 小鼠腹腔注射 5 mg/kg CBD 和 5 mg/kg 阿霉素,每周 1 次,连续 4 周,可以显著抑制乳腺癌肿瘤生长,减轻肿瘤重量,加速癌细胞凋亡。Jeong 等的实验结果表明,用 4 μmol/L CBD 与 10 μmol/L 奥沙利铂共同预处理人结直肠腺癌上皮细胞(DLD－1)和人结肠癌细胞(COLO－205)24 h,能够增强奥沙利铂的抗癌活性,克服抗癌药物的耐药性。目前,Marinol/Cesamet(人工合成的 THC)已被用于缓解和治疗癌症化疗引起的恶心和呕吐。

④对其他疾病的作用

A 肌萎缩侧索硬化症

临床研究发现,口服 600 mg 十六酰胺乙醇(PEA)及 50 mg 利鲁唑,连续 6 个月,可以增加肌萎缩侧索硬化症患者的最大肺活量,改善肺功能,提高患者生活质量。Soundara 等研究指出,用 5 μmol/L CBD(0.1% 的 DMSO 溶液)处理 HGMCs 24 h,可明显抑制 HGMCs 模型中与肌萎缩侧索硬化症氧化应激和兴奋性毒性相关基因的表达,改善线粒体功能障碍。

B 艾滋病

Rizzo 等通过体外研究证实,THC(0.5 μmol/L、1 μmol/L、5 μmol/L 和 10 μmol/L)处理艾滋病患者外周血单个核细胞(PBMC)48 h,并用 α 干扰素(IFN－α)进行刺激,可以有效阻止 CD16$^+$ 单核细胞向 CD16 转化,显著抑制神

经毒性因子 IP - 10 的表达。以上结果提示,大麻及大麻素可以减缓人类免疫性缺陷病毒(HIV 病毒)引起的神经炎症相关的单核细胞的转运进程。此外,巨噬细胞浸润在中枢神经系统感染 1 型艾滋病病毒(HIV - 1)中也发挥重要作用。药理研究表明,CB2 受体激活可以降低 T 细胞和小胶质细胞的炎症反应,减少巨噬细胞浸润,阻止 HIV - 1 的感染进程。CB2 配体(0.5 μmol/L、1 μmol/L、5 μmol/L 和 10 μmol/L 连续处理 7 d)可以抑制小胶质细胞中 HIV - 1 的复制,阻止小胶质细胞向 HIV - 1 迁移,降低 gp120 表达,保护神经元和内皮细胞的功能。

C 青光眼

Qiao 等通过蛋白质印迹法(Western Blot)检测 CBD 对猪眼部房水通过小梁网(TM)细胞 p42/44MAPK 活化的影响。结果显示,30 nmol/L CBD 处理 TM 细胞 10 min 能够促使 p42/44MAPK 磷酸化程度增加,该作用可被 1 μmol/L O - 1918(CBD 类似物)完全阻断,被 1 μmol/L SR141716A(CB1 受体拮抗剂)部分阻断,未被 1 μmol/L AM251(CB1 受体拮抗剂)和 1 μmol/L SR144528(CB2 受体拮抗剂)阻断。以上结果提示,CBD 可通过非 CB1/CB2 受体介导的 p42/44MAPK 信号通路调节眼部 TM,促进房水流出,预防和治疗青光眼。

1.2.1.4 部分其他大麻素

CBG 型大麻素具有多种异构体,没有精神活性作用,不对 CB1 受体产生介导。含有高浓度 CBG 且无 THC 的汉麻提取物,会增加大鼠的食物摄入量。CBG 型化合物对血清素的抑制作用较差,可通过受体 5HT1A 及结合薄荷醇受体 TRPM8,阻断感觉神经元的活动。此外,CBG 可通过激活 α - 2 肾上腺素能受体,抑制儿茶酚胺的释放,从而起到镇静、放松肌肉和镇痛作用。CBG 能降低乙酰胆碱诱导的膀胱收缩,且不受 CB1 或 CB2 受体拮抗剂的影响。研究表明,含有 CBD/CBDA 或 CBG/CBGA 的汉麻提取物,可抑制醛糖还原酶的活性,对预防和治疗糖尿病及其并发症具有一定效果。

CBC 是最稳定的植物大麻素之一。一个世纪以前,人们就在大麻样品中检测出 CBC。高浓度的 CBC 具有抑菌效果。此外,CBC 型化合物不参与 CB1 受体介导的精神活动,但是可以通过瞬时受体电位通道起到抗炎作用。CBC 能够减少腹膜巨噬细胞中 NO 和 IL-10 的水平。同时,CBC 可对炎症性肠病产生一定的抑制作用。Shinjyo 等认为，CBC 对成人大脑的神经干细胞具有潜在的影响。

Δ^9-THCV 是一种 THC 型化合物，鉴定于巴基斯坦的大麻品种中。它被认为是 CB1 受体的拮抗剂，在低剂量（<3 mg/kg）时，可拮抗 Δ^9-THC 对大鼠食量的促进作用，但在较高剂量（10 mg/kg）时，表现为大鼠食量的促进剂。此外，Δ^9-THCV 还能激活 CB2 受体，抑制巨噬细胞中由 LSP 激发引起的一氧化氮增加。

CBN 具有较好的抗氧化稳定性，其在汉麻中的浓度取决于存放条件。此外，许多 CBN 的降解衍生物源于汉麻中 Δ^9-THC 的分解，其对 CB1 和 CB2 受体的亲和力较低。

1.2.1.5　大麻素与汉麻萜烯的相互作用

（1）随从效应

术语"synergy"来自希腊语单词，意思是当有两个活性化合物时，它们一起工作比单独工作要好，可以用不等式 1+1>2 表示，这就是所谓的"随从效应"。目前，随从效应是一个很流行的观点，它表明了大麻素与其他成分，特别是萜烯之间的药理随从作用。随从效应的假设涉及对抑郁、焦虑、成瘾、癫痫、癌症和感染的治疗。

毫无疑问，数千种植物萜类化合物包含了许多生物活性分子。一些萜类化合物，如抗肿瘤药物紫杉醇，是一种高效、高价值的药物，其作用得到了药理学和临床研究全方位的证实。除了倍半萜 β-石竹烯外，还没有发现解释萜烯与大麻素潜在随从效应的分子机制。有研究指出，随从效应可能是通过内源性大麻素系统发挥作用的。最近的一项研究评估了普通萜类化合物本身及其与 THC 联合使用在表达 CB1 或 CB2 的 AtT20 细胞中的作用，结果显示，这几种萜类化合物并没有调节 THC 植物大麻素激动剂信号的作用。因此，即使存在植物大麻素类与萜类的随从效应，最有可能的也不是在 CB1 或 CB2 受体水平上。在实验中，当腹痛模型大鼠仅用萜类化合物治疗时，它们显示出腹痛加剧，而用 THC 治疗后，显示出强大的镇痛作用，比接受大麻提取物治疗的大鼠更好。在这种情况下，产生的抗伤害性与 THC 有关，因为单是萜烯并不能产生抗伤害性。通过使用不同的方法，将癌细胞暴露在植物大麻素和低浓度相关萜类化合物的联合治疗中,观察到细胞死亡率增加的比例与天然植物提取物相似。此结果与 Santiago 等的发现不同,Santiago 等评估的萜类化合物与 THC 没有统计相关性,这意味着他们的制剂中的萜类化合物浓度高于植物中的天然含量。因此,可能的随从效应和添加萜类化合物对大麻素的积极作用仍不能完全确定。

在体内实验和大鼠实验中,某些单萜烯已被证明可以阻断肿瘤形成或抑制细胞周期进展。然而,在大鼠体内产生抗增殖作用所需的萜烯含量过高,高达动物饮食的 10%。诸如此类的实验室研究可能会得出这样的结论:在汉麻提取物中,大麻素和萜烯相结合具有更好的抗癌特性。然而,并没有确凿的证据支持汉麻产品中所含萜烯的抗癌活性。虽然汉麻花的乙醇提取物具有比单独 THC 更高的抗肿瘤活性,但这并不归因于汉麻中含量最丰富的 5 种萜烯中的任何一种。

（2）THC 与汉麻萜烯的相互作用

一些研究试图了解 THC 的活性是否会受到汉麻中萜烯的影响。研究者们利用人类胚胎肾细胞,研究了萜烯在 CB1 和 CB2 介导的钾电流调节、放射性配体结合及环磷酸腺苷（cAMP）调节方面的作用。结果证明,当钾电流导致输出超极化时,α-蒎烯、β-蒎烯、β-石竹烯、沉香醇、柠檬烯和月桂烯不是 CB1 和 CB2 受体的激动剂。因此,任何可能的随从效应都不是由萜烯对大麻素受体的调节所决定的。

Finlay 等选择一组类似的萜烯（不含有沉香醇）,使用放射性配体结合和 cAMP 积累来确定萜烯是否通过 CB1 或 CB2 受体结合或对 cAMP 有抑制作用。结果显示,萜烯在 CB1 或 CB2 受体上没有结合或活性,它们也没有以变构的方式调节 THC。同时,此研究也未检测到 β-石竹烯介导的 CB2 受体的激活。另一项有趣的研究分析了汉麻萜烯如何调节大鼠体内 THC 的抗伤害性活动,认为 THC 能够驱动汉麻提取物的抗伤害性,而仅添加萜烯并没有这种活性。

这些研究表明,尽管萜烯可能具有显著的抗伤害特性,但该特性很可能不是通过在大麻素受体上的直接相互作用进行调节的,似乎也不会改变 THC 等大麻素诱导的抗伤害性。现在这方面的研究仍然是有限的,并没有完全排除它们之间产生了相互作用。总的来说,目前的研究结果显示,支持 THC 和萜烯相互作用的证据非常有限,没有足够的数据表明它们之间存在任何有意义的相互作用。未来的研究需要考察更高剂量的萜烯和不同给药途径的影响,以确定是否发生随从效应。

（3）CBD 与汉麻萜烯的相互作用

关于 CBD 与萜烯相互作用的文献不多。在一项 CBD 提取物（含其他成分）与纯 CBD 缓解儿童癫痫发作效果的数据分析中，作者证明了 CBD 与萜烯具有潜在的相互作用。在减少癫痫发作方面，低剂量的 CBD 提取物比纯 CBD 更有效，这与低剂量 CBD 具有更少的副作用有关。然而，由于这是一项事后分析，尚不清楚 CBD 提取物中的哪些成分发挥了作用。而且，研究结果大多来自 CBD 提取物粗品，因此提取物的具体成分不清楚，仅其中一个样品是纯化后的 CBD 提取物，且 CBD 与 THC 的比例为 20∶1，不含萜烯。有学者在分子水平上对萜烯与 CBD 的结合及其活性进行了研究，当在 CB1 或 CB2 受体上使用 CBD 时，所检测的萜烯并没有发挥随从效应。此外，将纯 CBD 和纯 THC 与高 CBD 含量提取物按相似的比例组合，并不能发挥更大的作用，说明有其他非大麻素物质发挥了作用。他们还表示，虽然单剂量 CBD 不能缓解神经性疼痛，但单剂量 CBD 提取物可以减轻与 THC 相当的热痛觉过敏，当然这还没有足够的数据支持。CBD 提取物的抗伤害作用可以被 TRPV1 拮抗剂阻断，但不能被 CB1 或 CB2 拮抗剂阻断。Comelli 等也解释了药代动力学方面的问题，并观察到高 CBD 含量提取物处理后，细胞色素 P450（2B1/2 亚型）水平显著降低。CBD、THC 或 CBD 与 THC 联合治疗均无明显变化。然而，当评估对 p－糖蛋白（PGP）的抑制作用时，CBD 提取物产生的抑制作用与同等剂量的纯 CBD 相同。因此，CBD 可能是高 CBD 含量提取物中调节 PGP 活性的成分，但抑制细胞色素 P450 的可能是高 CBD 含量提取物中未确定的成分。

以上研究表明，汉麻提取物中某个或某些少量的成分可能比 CBD 和 THC 具有更高的生物活性及药用价值，或者这些成分与 CBD 和 THC 协同作用具有更高的使用效益。

1.2.2　汉麻萜烯类化合物

1.2.2.1　汉麻挥发油萜烯

植物生长发育所需的能量来自光合作用、呼吸作用和蒸腾作用，其中涉及

O_2、CO_2、营养物质和水。植物利用这些化学成分进行代谢,产生的主要代谢物包括碳水化合物、脂类、蛋白质和核酸。在生长和繁殖的过程中,植物可能会受到恶劣环境条件、害虫和草食动物等的胁迫,因此会产生不同种类的化合物,称为次生代谢物,用于防御这些胁迫。例如,植物可以产生一种化合物来吸引包括鸟类和昆虫等在内的传粉者帮助它们受精或散播种子。这些化合物呈现不同的形式,并因具生物功能而被开发。水果和浆果果皮中的酚类和类黄酮物质具有抗氧化活性;大蒜中的大蒜素等含硫化合物可以减少血液中的甘油三酯,还具有刺激食欲的功能。挥发油也是植物产生的次生代谢产物,具有独特的生理活性。

汉麻挥发油指的是从汉麻中提取的具有挥发性的成分,主要为萜烯类成分。萜烯是一类广泛存在于植物体内的天然来源的碳氢化合物,可从许多植物的花、叶片及根中提取得到,能使植物呈现出自己独特的味道。正因为含有萜烯化合物,所以汉麻可以免受害虫侵害。当干燥汉麻时,其中的萜烯经过氧化并变成萜类化合物。汉麻萜烯主要由汉麻腺体毛状体分泌细胞产生,它会随着光照暴露的增强而逐渐增加,目前已知的汉麻萜烯已多达上百种。早在1880年,人们就开始对汉麻挥发油进行了研究。

汉麻挥发油具有多种生物活性,包括杀虫、抗菌、杀菌、抗氧化、抗乙酰胆碱酯酶以及精神活性。根据文献报道,汉麻挥发油的产量可达干物质的0.55%。

汉麻萜烯主要包括单萜烯、倍半萜烯和含氧倍半萜。萜烯可以看作是异戊二烯单元头尾相连形成链,进而排列成环的结果(图 1 - 2),这就是所谓的生物遗传异戊二烯规则,也叫 C5 规则。

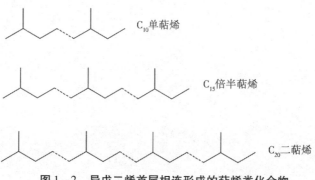

图 1 - 2　异戊二烯首尾相连形成的萜烯类化合物

汉麻挥发油中的萜烯有数百种,但它们的大部分药理和分子靶标却鲜为人知。大麻萜烯非选择性地靶向 G – 蛋白偶联受体(GPCRs)(如阿片类受体、CB1受体、CB2 受体、GPR – 55 受体、多巴胺、肾上腺素和腺苷等)和离子通道[如瞬时受体电位(TRPs)、N – 甲基 – D – 天冬氨酸(NMDA)、红藻酸盐、烟碱和钾等],发挥药理活性。

1.2.2.2　常见汉麻萜烯

汉麻挥发油是在毛状体中合成的芳香族化合物,它们不仅具有植物特有的气味,还具有不同的活性功能,如驱虫、驱除草食动物及吸引传粉者等。近几十年来,对萜烯类化合物(如柠檬烯、β – 月桂烯、α – 蒎烯、α – 松油烯、β – 蒎烯和β – 石竹烯等)的研究越来越多,这些化合物数量多且应用范围广。萜烯类化合物的存在并不局限于大麻类植物中,还存在于其他植物中,如紫茉莉、毛茛、马鞭草、桉树、香树,以及一些柑橘属植物。许多大麻萜烯类化合物在大麻中含量不高,但在其他植物中高度表达。这些化合物的作用多种多样,学者们对其作用机制、药代动力学、毒性和药效等进行了深入的研究。

(1)单萜烯

单萜烯的分子式为 $C_{10}H_{16}$,是两个异戊二烯分子的结合,其气味高调,一般很容易辨识。单萜烯具有滋补神经、迅速传递信息、提振精神、补气、提升免疫力、增加白细胞、增加免疫系统抗体及抗感染等功效。单萜烯的组合方式多样,不仅可以组成链状,还可以组成单环状、多环状以及立体形状。汉麻挥发油中常见单萜烯的分子结构式如图 1 – 3 所示。

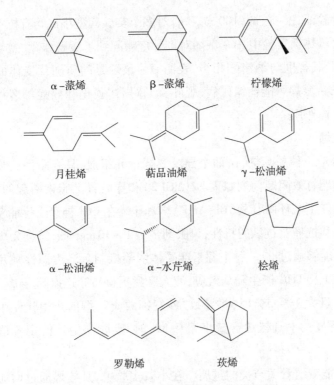

α-蒎烯　　　　　β-蒎烯　　　　　柠檬烯

月桂烯　　　　萜品油烯　　　　γ-松油烯

α-松油烯　　　　α-水芹烯　　　　桧烯

罗勒烯　　　　　莰烯

图 1-3　常见汉麻单萜烯的分子结构式

①α-蒎烯

α-蒎烯是自然界中存在最广泛的萜类化合物,几乎存在于各种植物中,尤其在松树中含量最高。有趣的是,α-蒎烯是合成 CB2 配体 SR144528 和 HU308 的原料。α-蒎烯本身对 CB2 受体没有亲和性,但是它能够抑制脑内乙酰胆碱酯酶的活性,被认为可以帮助记忆和减轻 THC 中毒引起的认知功能障碍。

α-蒎烯还具有抗氧化性、抗炎、抗焦虑和催眠作用。它可以通过直接与 GABAA 结合,作为苯二氮卓结合位点的部分调节剂来激发催眠作用。此外,它能够增加非快速眼动睡眠的持续时间,而不影响快速眼动睡眠的持续时间。

②β-蒎烯

β-蒎烯在针叶树中含量最为丰富,也存在于汉麻挥发油中。β-蒎烯在与空气接触时,易被氧化成松香挥发油和桃金娘烯醇等分子,并容易转化为其他萜烯。

经实验验证,β－蒎烯(100 mg/kg)对多个实验模型小鼠均有抗抑郁和镇静作用。在大鼠热板实验中,β－蒎烯对椎骨疼痛起到了缓解作用,逆转了吗啡的抗痛觉作用,其程度与纳洛酮相当,表明β－蒎烯是间质阿片受体的部分激动剂。另外,β－蒎烯可能在糖尿病、肥胖、动脉粥样硬化和癌症等多种慢性疾病的治疗中发挥作用。

③月桂烯

月桂烯是一种单萜烯,由两个异戊二烯单元组成,具有麝香或啤酒花的味道。月桂烯能有效阻断前列腺素 E2(PGE2)和异丙肾上腺素引起的痛觉过敏,但不能阻断二丁酰环腺苷酸(DbcAMP)。月桂烯在 CCI 神经性疼痛模型中也显示出抗异动和抗痛觉过敏的特性,口服剂量为 1～10 mg/kg,持续 2 周。

月桂烯能够通过 α2－肾上腺素能受体依赖机制刺激内源性阿片类物质的释放,与 CBD 及 THC 产生随从效应,使大麻素更容易穿透血脑屏障。当挥发油中月桂烯含量大于 0.5% 时,将导致“沙发锁效应”,即能产生让使用者嗜睡的效果,而当挥发油中月桂烯含量小于 0.5% 时,则能产生让使用者精力充沛的效果。

月桂烯能减缓骨关节炎的进展。在小鼠实验中,月桂烯通过增加谷胱甘肽和抗氧化酶水平来修复全脑缺血/再灌注(I/R)后的心脏组织损伤。另外,月桂烯还能够保护大脑、心脏和皮肤组织免受炎症和氧化损伤。

④柠檬烯

拥有柑橘香气的柠檬烯与大麻素受体的亲和力较低,但这种单萜烯能提高血清素和多巴胺的水平,从而诱导 CBD 的抗焦虑、抗应激和镇静作用。柠檬烯常被用作清洁产品、食品制造、香水和卫生产品的溶剂,以及杀虫剂。

柠檬烯对化学刺激物引起的疼痛具有阻断作用。通过口服或腹腔给药,当剂量为 50 mg/kg 或更高时,柠檬烯可有效阻断福尔马林诱导的疼痛以及与酸性盐水诱导的肌肉疼痛相关的机械性异位痛和热痛觉过敏。柠檬烯与β－环糊精络合,能够提高生物利用度,进一步增加其抗伤害活性。此外,在 H_2O_2 模型中腹腔注射 5 mmol 柠檬烯可有效阻断疼痛。

柠檬烯能抑制腹腔注射乙酸引起的伤害性行为。作为补充,柠檬烯和β－环糊精联合给药通过下调脊髓中 c－FOS 的表达来抑制慢性肌肉骨骼疼痛模型中的痛觉过敏。在神经性疼痛动物模型中,含有高浓度柠檬烯的松叶挥发油显示出抗痛觉过敏和抗抑郁作用。Smeriglio 等从不同的角度报道了柑橘油的抗氧化和清除自由基特性,其单萜浓度较高(如 48.9% 的柠檬烯和 18.2% 的香樟醇),表明其在氧化应激相关病例中具有重要的预防作用。在阿尔茨海默病模型中,柠檬烯降低了活性氧(ROS)水平、细胞外信号调节激酶磷酸化程度以及大脑和眼睛的整体炎症。许多学者一直致力于研究柠檬烯对中枢神经系统的影响。例如,柠檬烯已显示出抗焦虑作用,能增加海马多巴胺和前额叶皮质的血清素水平。柠檬烯在缓解应激(氧化应激)、抑郁、炎症、痉挛和病毒感染的同时,还能促进伤口愈合和合成代谢。此外,它还表现出多种抗癌和抗肿瘤作用,其衍生物可作为强效抗惊厥药物。

⑤萜品油烯

萜品油烯也被称为 d‑松油烯,因为它与其他松油烯非常相似,可发现于部分大麻品种中。萜品油烯具有抗癌、抗氧化、抗炎、抗低密度脂蛋白氧化、镇静和增强渗透等特性。

⑥γ‑松油烯

γ‑松油烯可以从多种植物中分离出来,存在于部分大麻品种中。γ‑松油烯在文献中被描述为抗炎、抗菌、镇痛和抗癌药物。最近的一项研究表明,在炎症实验模型中,γ‑松油烯降低了一些炎症参数,如水肿和炎症细胞浸润,即炎症诱导的足跖水肿、乙酸诱导的微血管通透性增加、卡拉胶诱导的腹膜炎及脂多糖诱导的急性肺损伤。此外,γ‑松油烯还能有效降低低密度脂蛋白和脂质氧化以及血清脂质水平。

⑦α‑松油烯

α‑松油烯可发现于汉麻挥发油中,通常用作香料,工业上多由 α‑蒎烯生产。大鼠口服 30 mg/kg α‑松油烯后,没有胚胎毒性,也没有致突变性。α‑松油烯具有良好的 ROS 清除活性,保护红细胞时捕获约 0.7 个自由基,保护亚油酸甲酯时捕获约 0.5 个自由基。α‑松油烯是一种强抗氧化剂,与许多其他化合物相比,它能迅速自氧化,从而防止化合物降解。

⑧α‑水芹烯

α‑水芹烯是汉麻挥发油中的常见成分,但含量并不高。它对机械性痛觉过敏和冷性痛觉过敏有抑制与治疗作用,对坐骨神经损伤(SNI)大鼠有抗抑郁作用。研究证实,α‑水芹烯是一种促凋亡、调节免疫、抗炎、抗伤害、抗抑郁和抗菌的萜烯。

⑨桧烯

桧烯的主要特性为消炎,特别是对慢性炎症有很好的效果。汉麻挥发油中的桧烯还具有很好的协同效应,可以协助其他挥发油成分很好地发挥作用。桧烯可能是一种安全的替代药物,用于治疗多重耐药沙门氏菌引起的感染。此外,桧烯通过抑制 NOS 表现出较强的抗炎活性。

⑩β - 罗勒烯

β - 罗勒烯是一种无环单萜烯,其生物作用是吸引食虫昆虫。花朵中 β - 罗勒烯的释放明显遵循时间和空间模式,这是典型的花朵挥发性有机化合物的释放,与吸引传粉者有关。目前,文献中至少描述了 β - 罗勒烯的 3 种有益特性,即抗肿瘤、抗真菌和抗惊厥特性,但其生物活性的机制尚不清楚。

⑪莰烯

莰烯是一种少量存在于大麻花序中的环状单萜烯,它在百里香挥发油中含量丰富,具有一定的药理活性,如祛痰、解痉和抗菌等。莰烯对大戟脂虫和锥栗虫具有熏蒸毒性和接触毒性,对栗鼠有中等的驱避作用,对肉毒虻有引诱作用。Benelli 等研究发现,莰烯对棉铃虫和斜纹夜蛾这两种多食性害虫的半致死浓度(LC50)分别为 10.64 g/mL 和 6.28 g/mL,证实了其作为植物源杀虫剂的潜力。最近,Baldissera 等在体外评估了 17 种新合成的来自(-)-莰烯的缩氧硫脲类化合物的抗结核分枝杆菌的活性。总体来看,大多数化合物对结核分枝杆菌的生长表现出明显的抑制作用。实验证明,莰烯具有明显的驱虫和杀虫活性。

(2)含氧单萜

单萜的含氧衍生物(醇类、醛类和酮类)通常具有较强的香气和生物活性,是医药、食品和化妆品工业的重要原料,常用作防腐剂、消毒剂、芳香剂及皮肤刺激剂等。在汉麻挥发油中,含氧单萜含量不是很高,常见的有沉香醇、松油醇、香叶醇、冰片和长叶薄荷酮等,其分子结构式如图 1 - 4 所示。

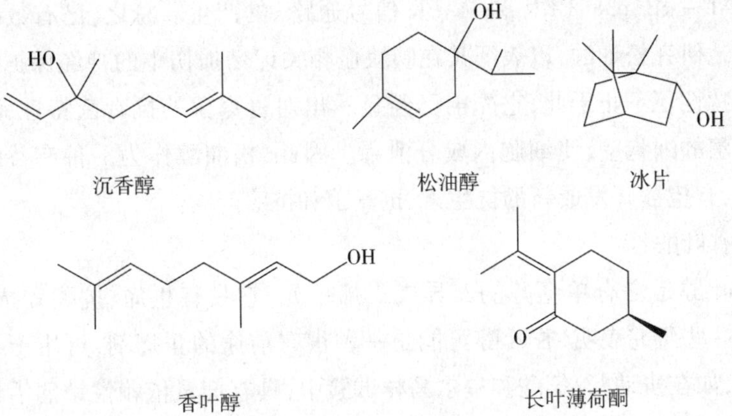

图 1-4 常见汉麻含氧单萜的分子结构式

①d-沉香醇

d-沉香醇是在少数品种汉麻挥发油中发现的含氧单萜,在某些特殊类型的植株中含量较高。d-沉香醇主要存在于薰衣草挥发油中,含量高达 30%,它是薰衣草挥发油中发挥抗焦虑作用的活性成分。d-沉香醇可以减少慢性炎症和神经性疼痛中的机械性痛觉过敏,这可能是通过外周和中枢阿片类物质及 CB2 受体介导的。

虽然大多数研究关注 d-沉香醇的全身给药或外周作用,但也有少数研究观察到其具有中枢镇痛作用。d-沉香醇可以作用于下丘脑食欲素神经元,将适量 d-沉香醇注入鞘内间隙,可阻断谷氨酸诱导的足底疼痛。最近的研究表明,沉香醇还可以作为 GABAA 通道的浓度依赖性拮抗剂。各种体外和体内研究表明,沉香醇具有抗肿瘤、抗惊厥、抗伤害、镇静、抗抑郁、抗炎、抗氧化、保护神经、保护肝和抗微生物特性。

②松油醇

松油醇,又称 4-松油醇,可出现在部分品种大麻挥发油中,与 α-松油醇和 γ-松油醇为同分异构体。

松油醇不仅具有镇痛作用,而且还具有神经保护特性,因为在短暂双侧颈总动脉闭塞的大鼠模型中,松油醇可使大鼠记忆损伤得到修复。其潜在作用机制包括对海马区 LTP 的促进和脂质过氧化的抑制。关于松油醇的抗炎特性,由于其降低白细胞迁移数量和 TNF 水平,所以也被用于治疗过敏性炎症和哮喘。此外,α-松油醇和 4-松油醇能抑制脂多糖(LPS)刺激的人巨噬细胞中炎症介质(如 NF‑κB、p38、ERK 和 MAPK 信号通路)的产生。总之,已有数据支持应该更好地研究松油醇,以表征其在脑缺血相关记忆损伤中的神经保护作用。松油醇的特性还不止于此,它先前已经显示出对青霉菌的抗真菌特性,因为它能破坏真菌的细胞壁,使细胞内成分泄漏。因此,松油醇作为一种有益的多功能化合物,有望被开发成新的抗生素、抗真菌和抗癌药物。

③香叶醇

香叶醇是含有单萜醇的二异戊二烯单元,它具有止痛、抗癌和抗炎特性。最近的一些研究表明,香叶醇可能是一种很有前途的止痛剂,可用于某些类型的疼痛,如在扭动、谷氨酸和福尔马林试验中,具有剂量依赖性镇痛活性。香叶醇的镇痛作用在纳洛酮(5 mg/kg)条件下是不可逆的,提示为非阿片类机制。他们还认为香叶醇可能调节谷氨酸神经传递和周围神经兴奋性,并在炎症性疼痛模型中表现出更强的作用。用香叶醇治疗脊髓损伤大鼠后,其运动功能明显改善,对机械性异位痛和热激痛觉的敏感性降低,损伤区域阳性细胞计数增加,胶质纤维酸性蛋白表达抑制,caspase‑3 活性降低,说明香叶醇能显著促进脊髓损伤大鼠神经功能的恢复和减轻神经性疼痛。

香叶醇还可用于香水和调味剂,也可作为防腐剂、驱虫剂和引诱剂。香叶醇在其他萜烯的生物合成中也有重要作用。大鼠体内香叶醇的半数致死量(LD50)为 3.6 g/kg。迄今为止,实验证据支持香叶醇对不同类型癌症的预防或治疗作用。香叶醇还具有治疗某些疾病和病症的潜力,包括癌症、炎症(结肠炎)、糖尿病、心功能障碍、动脉粥样硬化、组织损伤、过敏性哮喘、疼痛、帕金森病、神经病和抑郁症。

④冰片

冰片是大麻属植物常见的挥发油成分,它在传统的中药配方中一直作为药物增强剂。事实上,由于其抗凝和纤溶作用,它还可能在心脏病控制中发挥作用。冰片不仅具有解热、抗伤害、抗氧化、抗炎、保护神经和保存 DNA 等作用,而且还能够通过增强渗透性而提高其他药物的效率。

⑤长叶薄荷酮

长叶薄荷酮这种单萜酮可用作调味剂和香料。它被认为具有抗痉挛、发汗、利尿和提高中枢神经系统机能的特性。长叶薄荷酮是一种有效的组胺受体1拮抗剂,其作用类似于美比林和右旋氯苯那敏。在啮齿类动物的长期研究中,高剂量长叶薄荷酮显示无致癌性,但增加了雄性动物的各种良性肿瘤、肾病以及肝脏其他非肿瘤性病变的发生率。综上所述,尽管长叶薄荷酮显示出多种有益的特性,但它对心脏、肾脏和肝脏功能有不利影响,因此可能不适合作为高剂量的药物长期使用。

(3)倍半萜烯

倍半萜烯是指分子中含有 15 个碳原子的天然萜类化合物,它包含 3 个异戊二烯单元,呈现链状和环状等多种骨架结构。倍半萜烯具有消炎、止痛、抗组胺和抗过敏等活性。因为分子量较大,倍半萜烯含量高的挥发油会比较黏稠,一些倍半萜烯可在接触空气后呈现颗粒状态。一般来说,倍半萜烯的颜色都比较深,容易染色。汉麻挥发油中的倍半萜烯有很多,最常见的是石竹烯和没药烯,这两类成分约占倍半萜烯总含量的一半。常见的汉麻挥发油倍半萜烯分子结构式如图 1-5 所示。

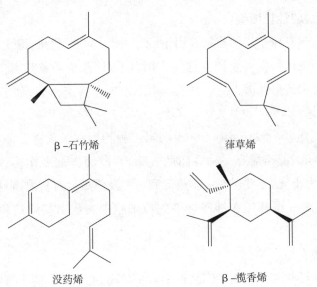

β-石竹烯

葎草烯

没药烯

β-榄香烯

图 1-5　常见汉麻挥发油倍半萜烯的分子结构式

①β-石竹烯

β-石竹烯是大麻挥发油中的主要倍半萜烯,并且无论采用哪种提取方式,汉麻挥发油中含量最高的倍半萜烯化合物都是 β-石竹烯。

β-石竹烯被认为是类植物大麻素,与 CB2 受体有很强的亲和性,但与 CB1 受体没有亲和性。它不仅可由大麻产生,在许多植物中都存在,可以起到防御昆虫的作用。迄今已发表的文章描述了石竹烯的 7 种主要作用,包括驱虫、抗癌、抗增殖、抗真菌、抑制乙酰胆碱酯酶、抗氧化和抗炎作用。也有报道称,主要由 β-石竹烯和 α-石竹烯组成的香附挥发油对人乳腺癌细胞(MCF-7)具有抑制作用。在镇痛作用方面,β-石竹烯已被证明通过一种依赖于丝裂原活化蛋白激酶抑制的机制来减弱紫杉醇诱导的小鼠周围神经病变。

②葎草烯

葎草烯又称 α-石竹烯,是 β-石竹烯的同分异构体,是一种含有单环倍半萜的三异戊二烯单元。葎草烯具有消炎和抗癌的特性。一项研究显示,口服葎草烯可抑制小鼠和大鼠的多种炎症因子。50 mg/kg 的葎草烯降低了 TNFa 和 IL-1β 的数值,并抑制了 PGE2、诱导型一氧化氮合酶(iNOS)和环氧化物酶-2(COX-2)的产生。由于具有这些特点,所以它对水肿有效。研究发现,葎草烯的抗炎作用与地塞米松相似。在另一项研究中,葎草烯显著减少了支气管肺泡灌洗液中的嗜酸性粒细胞。

传统上,含有葎草烯的植物被用于治疗失眠、抑郁、紧张、谵妄、焦虑和消化系统紊乱,但现代科学尚未证实这些作用。不过,葎草烯及其衍生物已显示出抗过敏、抗炎和抗癌的潜力。

③没药烯

α-没药烯、β-没药烯和 γ-没药烯三种构型在汉麻挥发油中都存在,但含量有所不同。没药烯有一种香脂的气味,在欧洲被批准作为一种食品添加剂。到目前为止,已经发现 β-没药烯和 γ-没药烯具有抗癌特性。在先前的一项研究中,γ-没药烯在神经母细胞瘤细胞中表现出抗增殖和诱导凋亡的特性。

④β-榄香烯

β-榄香烯在某些医用大麻品种中含量较高,有辛辣的茴香气味,在加工或储存过程中可能由于氧化、热或紫外线诱导而发生重排。β-榄香烯不仅存在于大麻中,也存在于姜黄根茎中。由于其具有抗癌特性,所以在中药中广泛应用,而且目前尚无产生严重不良反应的报道。

研究者们对 β-榄香烯进行了广泛的研究,并证明其是一种很有前途的治疗多种肿瘤的药物。在癌症治疗中,多药耐药的发生会对化疗药物产生负面影响,从而影响治疗的效果。此前有人提出,克服多药耐药的可行性解决方案之一是联合使用两种化疗药物使之协同作用,针对多个关键通路抑制肿瘤进展。在此背景下,β-榄香烯与其他化疗药物(如顺铂和阿霉素)及辅助治疗药物联合使用,显示出了抑制肿瘤细胞和肿瘤生长的巨大潜力。另外,β-榄香烯在治疗由活性氧大量产生和炎症作用引起的疾病方面具有潜力,如癌症、动脉粥样硬化以及气道和肝纤维化等。

(4)含氧倍半萜

汉麻挥发油中含氧倍半萜类化合物的相对含量在20%以上,主要成分为红没药醇和氧化石竹烯,其相对含量受前处理方法影响较大,与单萜烯相似,大部分前处理方法均会使其相对含量减少,特别是干燥过程及脱羧的加热过程。常见汉麻挥发油含氧倍半萜的分子结构式如图1-6所示。

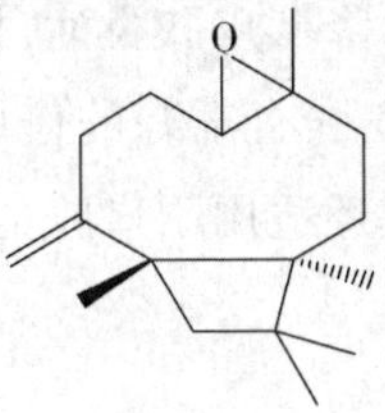

氧化石竹烯 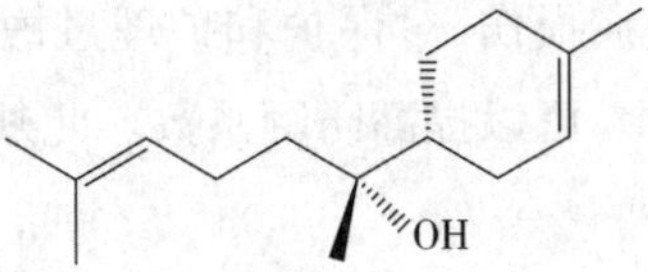　　红没药醇

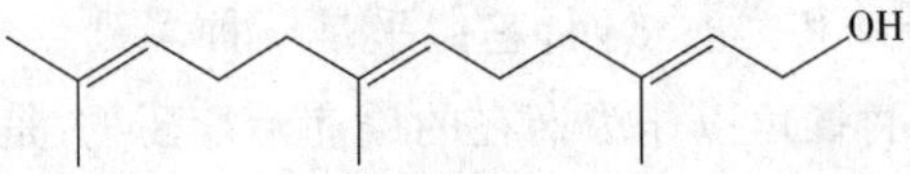

金合欢醇 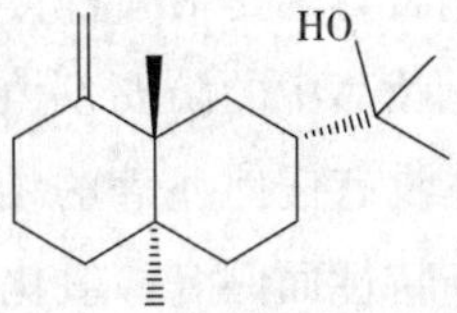　　β-桉叶油醇

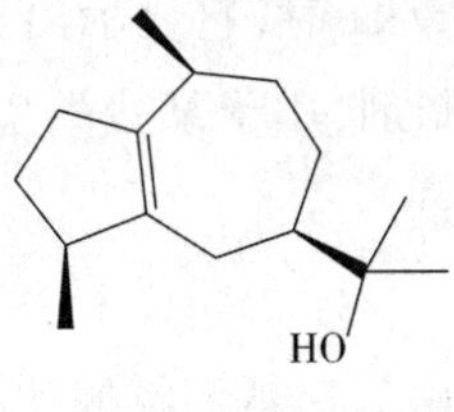

愈创木醇 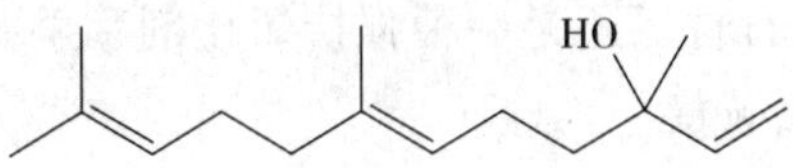　　橙花叔醇

图1-6　常见汉麻挥发油含氧倍半萜的分子结构式

①红没药醇

红没药醇是汉麻挥发油中常见的一种成分,在多个品种中含量都较高。红没药醇通过大鼠皮肤给药,每日剂量为 200 mg/kg,持续 4 周是安全的,没有任何副作用。大鼠和小鼠急性毒性的 LD50 约为 15 mg/kg。对其他药物的通透性增强效果显著,为 10 ~ 100 倍。

红没药醇对细菌、哺乳动物细胞和果蝇具有抗突变作用,而且还是一种广谱抗寄生虫药物,在体内和体外都作用显著。红没药醇对庆大霉素等抗生素具有调节增效作用,对耐多药细菌也有效果。此外,红没药醇还表现出抗癌和抗肿瘤、消炎、抗伤害及保护神经作用。

红没药醇相对含量在鲜叶中最高,经过处理后会下降。红没药醇具有显著的抗炎抑菌作用,与皮肤有很好的相容性,可以降低皮肤炎症,提高皮肤的抗刺激能力,修复炎症损伤,对保护和护理过敏性皮肤有很好的作用。红没药醇添加在防晒产品中,可以提高防晒系数。此外,它还适用于口腔卫生产品,如牙膏和漱口水等。

②氧化石竹烯

氧化石竹烯是 β - 石竹烯的氧化衍生物,无毒、无致敏性,常被用作食品、药品和化妆品中的防腐剂,也用作杀虫剂。与 β - 石竹烯不同,氧化石竹烯对 CB2 受体没有任何显著的结合亲和力。然而,它似乎是一种多靶点分子,以抗癌和镇痛特性而闻名。氧化石竹烯可以作为潜在的癌症治疗药物,是因为其基因毒性小,且能通过细胞膜被有效吸收。氧化石竹烯通过抑制 15 - LOX 酶活性而成为一种有效的抗炎剂。当剂量为 12.5 mg/kg 时,它显示出显著的中枢和外周镇痛和抗炎活性。它还作为钙钾电流抑制剂,用于某些类型的心律失常。最后,氧化石竹烯还是一种强抗氧化剂和杀菌剂。

③金合欢醇

金合欢醇是一种无环倍半萜,是可以直接由法尼基焦磷酸盐制成的最简单的醇,也是橙花叔醇的同分异构体。金合欢醇具有抗过敏和抗生素的作用,能够促进细胞凋亡。此外,它在胚胎发育、蛋白质的异丙酰基化及随后相关基因的表达和某些激素水平的调节中都有作用。

④β - 桉叶油醇

β - 桉叶油醇通过抑制钙离子载体 a23187 诱导的肥大细胞 caspase - 1 的

活化而发挥抗炎作用。它是一种具有抗癌、抗炎和抗惊厥特性的分子,低浓度时可刺激神经突生长,促进食欲和胃排空。

⑤愈创木醇

愈创木醇是一种双环倍半萜醇,它在低浓度时对蚜虫有抑制作用。另外,愈创木醇对非小细胞肺癌的体内外肿瘤体积均有抑制作用。研究表明,其参与了由调控 RAD51 表达引发的细胞自噬和凋亡,并通过 H2AX 磷酸化使双链断裂。另外,它具有低毒性和无致敏性,可以应用在香水中。

⑥橙花叔醇

橙花叔醇是一种含有倍半萜醇的无环三异戊二烯,常见于包括大麻科在内的植物中。橙花叔醇具有潜在的抗炎和免疫调节活性。一项研究表明,橙花叔醇通过抑制 TLR4/NF-κB 信号通路,阻断细菌脂多糖(LPS)诱导的急性肾损伤。它可以显著抑制 LPS 处理大鼠体内氮和肌酐水平的升高,并抑制 TNF、IL-1β 和 NF-κB 在 LPS 处理大鼠肾细胞(NRK-52E)中的表达。

此外,橙花叔醇对环磷酰胺诱导的神经炎症、氧化应激和认知障碍均有积极作用,并可预防啮齿类动物海马体和皮质区结构异常。因此,橙花叔醇可能是一种前瞻性的治疗分子,它可以通过调节 Nrf2 和 NF-κB 通路来缓解细胞色素酶(CYP)诱导的神经毒性症状,但这一神经保护假说还需要进一步证实。另外,橙花叔醇能够抑制环磷酰胺诱导的心脏炎症、氧化应激、心脏凋亡和心肌纤维化,以及导致心功能障碍的超微结构改变。Betancur-Galvis 等证实,橙花叔醇能抑制异丙肾上腺素诱导的大鼠心肌损伤。另外,它在治疗神经退行性疾病以及保护肾脏、肝脏、大脑、血液和上皮细胞免受环境压力方面也显示出巨大的潜力。

综上所述,汉麻挥发油的成分复杂,目前已经鉴定的化合物超过一百种。因为汉麻挥发油成分不同,所以不同的品种具有不同的香味,这可能会影响消费者的偏好。然而,汉麻产品中萜类的其他属性,包括药用特性,目前仍有待研究。

萜烯类化合物的急性毒性非常低,通常急性口服 LD50 在 5 000 mg/kg 左右或更高,如 β-石竹烯、月桂烯、柠檬烯和松油烯等。给药量约 50 mg/kg 就可以达到良好的治疗效果。例如,12.5 mg/kg 的氧化石竹酚显示出镇痛和抗炎活性;柠檬烯(10 mg/kg/d)对神经性疼痛有抑制作用,是一种镇痛剂,使用剂量为

5 mg/kg；10 mg/kg 的紫苏醇能够缓解应激；1 mg/kg 的 4 - 松油醇可降低血压，而 1 mg/kg α - 松油醇可诱导低血压和血管舒张；12.5 mg/kg 的香叶醇具有抗伤害性，而相同剂量的橙花叔醇可以修复小鼠的抑郁和记忆损伤。此外，冰片改善缺血性脑卒中的半数有效量（ED50）为 0.36 mg/kg，具有保护神经和减少梗死体积的作用。α - 水芹烯(3.1 mg/kg)对机械性和冷性痛觉过敏、抑郁及神经性疼痛有效。而且，汉麻萜烯成分本身并不会引发突变，有些萜烯甚至是有抗突变作用的，如没药醇和月桂烯。这些研究证实它们在生物医学上是安全的。

汉麻挥发油萜烯已经广泛应用于工业、香料、食品添加剂和传统医药中。它们具有低毒性和高生物利用度，并且很容易穿过皮肤和血脑屏障。它们具有耐受性好、不良反应少以及远远小于致命剂量就可达到较好的治疗效果的优点。许多萜烯对 TRP 通道、多巴胺能受体和 GABA 受体具有高选择性。只有 β - 石竹烯对大麻素受体具有较高的亲和性，其 CB2 激动作用在治疗多种神经炎症性疾病方面具有很大的潜力。萜烯与其他药物分子具有协同作用，可以通过佐剂或共价融合提高其他药物的渗透性，但它们与大麻素的其他成分是如何发生协同作用的目前尚不清楚。汉麻萜烯具有抗菌、抗炎、抗氧化、抗癌和抗肿瘤的活性，它们通常通过促凋亡的作用表现出抗癌活性，但对健康细胞或组织无毒，还对神经、肝和肾有一定的保护作用。然而，许多萜烯的药代动力学和药效动力学还有待研究，同时还需要更多的实验来验证其药物疗效。

1.2.3　汉麻其他化合物

1.2.3.1　黄酮类化合物

黄酮类化合物是一类由 C6—C3—C6 组成的具有许多生物活性的天然多酚类物质，这类化合物一般以游离状态或者与糖结合成糖苷的状态存在于植物体内，是一种尤为重要的植物次生代谢产物。黄酮类化合物作为广泛分布在天然产物中的生物活性物质，在汉麻中的含量也较为丰富。迄今为止，从汉麻中共分离出近 30 种黄酮类化合物，其中汉麻叶中含有 10 种。黄酮类化合物可用于区分大麻科植物，具有化学分类价值。其主要结构类型包括黄酮和黄酮醇等，汉麻中重要的黄酮化合物主要有芦丁、芹菜素、槲皮素、原花青素 B_2、荭草素、异荭草素、香叶木素、牡荆素、异牡荆素、大麻黄素 A、大麻黄素 B、大麻黄素 C、异戊烯基芹菜素、金圣草黄素及木犀草素等。其中大麻黄素 A 和大麻黄素 B 为汉麻特征性黄酮成分。在这些黄酮类化合物中,山奈酚、牡荆素和芹菜素等为常见的黄酮苷元结构,可以与葡萄糖和鼠李糖等通过 O—苷键或 C—苷键,进一步形成不同的汉麻黄酮苷类化合物,如牡荆素 $-2''-O-\alpha-L-$ 鼠李糖苷、槲皮素 $-3-$ 半乳糖苷、山奈酚 $-7-O-$ 葡萄糖苷、芹菜素 $7-O-$ 葡萄糖苷、木犀草素 $-7-O-\beta-D-$ 吡喃葡萄糖苷、槲皮素 $-3-O-\alpha-L-$ 鼠李糖苷、芹菜素 $-6,8-$ 二 $-C-\beta-D-$ 吡喃葡萄糖苷及山奈酚 $-3-O-\alpha-L-$ 鼠李糖苷等。

(1)汉麻黄酮的分离测定方法

溶剂提取法是使用最广泛的黄酮提取方法,一般是利用单独的有机溶剂或与水的混合溶剂进行提取,选取的实验条件对目标物的提取效果影响较大。醇类特别是乙醇,对黄酮的溶解性较好,又可与水以任意比例互溶,还可辅以其他有机溶剂使用,且具有无毒和易回收等优点,所以乙醇－水体系是良好的黄酮提取溶剂。微波提取法能够使活性成分在提取溶剂中更多地扩散和溶解,具有提取效率高、受热均匀且热效率高以及节省时间等优点。超声波在提取溶剂中传播时,会产生强烈的物理机械效应、空化效应和热效应,破坏植物组织,使目标物快速释放出来,具有操作容易、能耗低和实验时间短的优点,这两种方法一般基于溶剂提取法,是溶剂法提取黄酮类化合物的有效补充。

酶解法是利用酶的特性,在有效成分溶出时降解细胞壁,增加活性成分溶出效率,与超声和微波等方法联用时,能够结合两者的优势,进一步提高目标物溶出率,增加提取效率。

超临界流体提取法,是利用溶质的溶解性与流体密度呈正相关的特点,通过控制压力和温度来调整萃取剂密度,实现对目标物选择性提取和分离的一种"环境友好"的绿色技术,具有目标物产量高、操作便于控制和无萃取剂残留等优点。

其他方法如:深共晶溶剂提取法通过形成分子间氢键,拥有较好的提取性能,可调节黏度,持续性更好,能耗低,提取速度快,提取效率高;闪式提取法能将植物组织快速破碎,使有效成分快速、大量溶出,最大限度地保留有效成分,具有提取快速、节约成本和节省人工资源等显著优点。

溶剂萃取法是最广泛地用于黄酮类化合物纯化的方法,其操作简单、能耗低、速度快,但效率较低、溶剂使用量大。膜分离法是利用膜能选择性地让某些物质透过而达到分离纯化目的的方法,能有效除去提取物中多糖、蛋白质和单宁等杂质,适用于热敏物质,主要包括超滤、微滤、反渗透和电渗析等。高速逆流色谱法能在短时间内实现目标物的高效分离和制备,具有纯化效果好和重现性好等特点。柱色谱法是分离纯化黄酮类化合物常用的一类方法,可选择硅胶柱色谱法和葡聚糖凝胶柱色谱法等。聚酰胺法能除去粗黄酮提取液中的色素、水溶性杂质和部分脂溶性杂质,分离和脱色效果好、成本低,适用于酚类、黄酮类和酸类等多羟基化合物的分离纯化。大孔吸附树脂兼具吸附和分子筛两种作用,与目标物间存在范德华力和氢键,多孔结构决定其活性位点多,与样品接触面积大,在植物活性成分富集纯化中大量使用,具有不容易发生反应、吸附效果好、使用周期长和可多次利用等优点。同时,聚酰胺 - 大孔吸附树脂联合也广泛应用于黄酮类化合物的纯化,该方法可以充分发挥两者优势,弥补不足。聚酰胺能除去部分杂质,同时也保留了主要的活性成分,再利用大孔吸附树脂对目标物除杂,进一步纯化总黄酮。

分光光度法是总黄酮测定最常用的方法,黄酮发生络合反应时会有颜色的变化,在紫外范围内具有特征吸收,包括直接测定法、铝盐显色法和盐酸 - 镁粉法等。此外,高效液相色谱法等也可用于总黄酮的测定。

(2)汉麻黄酮的药理作用

黄酮类化合物具有独特的酶调节系统,且结构存在差异性和多样性,因此表现出多种生物活性,可以作为运输植物生长素的调节剂以及植物与病原体相互作用的介质。汉麻中黄酮类成分与其他植物中的黄酮类成分类似,具有抗肿瘤、抗抑郁以及保护神经等良好的生物活性。

①植物雌激素

植物雌激素是非甾体多酚类植物的代谢产物,由于它们与 17β - 雌二醇的结构相似,具有与雌激素受体结合的能力,所以它们可以发挥雌激素的作用。而黄酮类化合物作为重要的次生代谢产物,在汉麻植物的生长发育方面发挥着重要的作用,其结构与雌二醇存在相似性,显示出较强的雌激素活性。现代研究表明,适量食用黄酮类植物雌激素可以在预防与雌激素有关的癌症(如乳腺癌和前列腺癌等)方面发挥作用,并且对绝经期综合征、骨质疏松症以及心血管疾病具有显著功效。

②抗肿瘤

Guo 等从汉麻叶中分离得到大麻黄素 A、大麻黄素 B 以及 4′ – 甲氧基荭草素等黄酮类化合物。为了研究其抗肿瘤活性,用这些黄酮类化合物分别处理 MCF – 7、A549、HepG2 和 HT – 29 细胞,并进行细胞生长抑制实验。结果表明,大麻黄素 A 和 4′ – 甲氧基荭草素可通过抑制细胞增殖及诱导细胞凋亡而显示出广谱的细胞毒性,是治疗乳腺癌的潜在抗肿瘤药物;大麻黄素 B 可依据细胞类型,对癌细胞显示出选择性抑制作用。

③抗疟原虫及抗利什曼虫

Radwan 等从汉麻中分离得到大麻黄素 C、金圣草黄素以及 6 – 异戊烯基芹菜素等黄酮类化合物,其中金圣草黄素和 6 – 异戊烯基芹菜素是首次从汉麻中鉴定出来。为了研究其抗疟原虫及抗利什曼虫活性,用这些黄酮类化合物分别进行了抗疟疾活性和抗利什曼虫活性实验。结果表明,大麻黄素 C 具有中等抗利什曼虫活性,其半抑制浓度(IC50)为 17.0 μg/mL;大麻黄素 A 具有强抗利什曼虫活性,其 IC50 为 4.5 μg/mL;6 – 异戊烯基芹菜素对于两种恶性疟原虫 *P. falciparum*(D6clone) 和 *P. falciparum*(W2clone)均具有强抗疟疾活性,其 IC50 分别为 2.8 μg/mL 和 2.0 μg/mL。

④抗抑郁

汉麻的抗抑郁作用主要源于 CBD,从天然植物中提取的黄酮类化合物在许多细胞和动物研究中也显示出抗抑郁作用,可以显著缓解抑郁症引起的焦虑和失眠等症状。研究表明,单胺氧化酶是单胺神经递质分解的关键酶,当体内单胺氧化酶活性受到抑制时,抑郁症治疗功效显著。由于黄酮类化合物与合成的单胺氧化酶抑制剂在结构上存在一定的相似性,芹菜素和木犀草素等黄酮类化合物以及槲皮素等黄酮醇类化合物均具有调节单胺氧化酶活性的作用,可作为有效的抗抑郁药物。汉麻中同样含有芹菜素和木犀草素等黄酮类成分,但往往被人们忽视。因此,后续关于汉麻抗抑郁药物的研发,可以考虑单独使用汉麻黄酮类化合物或与 CBD 协同使用。

⑤保护神经

Eggers 等将大麻黄素 A 等 3 种黄酮类化合物作用于神经元 PC12 细胞,采用 MTT 法和荧光细胞染色法对其进行测定。发现大麻黄素 A 对 β 淀粉样蛋白介导的神经毒性具有抑制作用,这主要与其抑制 β 淀粉样蛋白原纤维化有关。汉麻黄酮类化合物的功效可能会进一步引导对于阿尔茨海默病神经退行性病变的研究。然而,异戊二烯基黄酮类化合物通常表现出相对强的神经毒性,该毒性在其他常见黄酮类化合物中未观察到。上述结果有利于开发创新型汉麻黄酮类药物。此外,有研究表明,汉麻中的黄酮类化合物对于大麻素具有一定的调控作用。

1.2.3.2 多糖类化合物

多糖作为生物体内广泛存在的一类生物大分子,是构成生物体的重要物质,汉麻中常见的多糖包括淀粉、纤维素、多聚糖和果胶等。更重要的是植物中的功能性植物多糖,它是通过植物细胞代谢产生的,由 10 个以上或几百甚至几千个单糖分子通过糖苷键聚合而成的大分子碳水化合物。功能性植物多糖具有抗氧化、降血糖、降血脂、调节免疫、抗肿瘤和调节肠道微生态等多种生物活性。

(1)汉麻多糖的分离测定方法

多糖是结构非常复杂的极性大分子。在提取多糖类化合物之前,通常先使用石油醚或 95% 乙醇等有机试剂除去叶绿素和树脂等非水溶性杂质,再进行多糖的提取,可起到脱色和脱脂的目的。多糖的提取方法有很多,常见的方法有热水提取法、酶辅助提取法、微波辅助提取法、超声辅助提取法和酶 – 超声联合法等。

热水提取法是提取多糖类化合物最常用的方法。酶辅助提取法相较于热水提取法,虽然条件温和、选择性强、效率高,但是酶的价格较高,不易大规模使用,且使用条件苛刻。微波辅助提取法利用微波加热原理,促使细胞壁破裂而释放出有效成分,能加快提取速度,但需要注意的是,如果提取时间过长,可能导致热敏性物质的大量损失。超声辅助提取法依靠超声波产生的强烈振荡,增强各个物质分子的运动频率,从而达到溶剂更容易穿透和有效成分更容易析出的双重效果,提高目标物的提取效率,但杂质的溶出也会增加,如果实验条件优化不足,提取物的后续纯化难度会有所增加。酶 – 超声联合法是将酶解和超声技术结合起来,既保证低温的酶解,又保证较少的提取时间。

粗多糖中往往含有无机盐、蛋白质、色素、单糖和多酚等杂质,因此必须对粗多糖进行纯化。常用的纯化方法包括有机溶剂法、超滤法、离子交换色谱法、凝胶柱色谱法和高效液相色谱法等。有机溶剂法是最简单、最快捷的方法,其与热水提取法相结合就是粗多糖最常用的提取方法——水提醇沉法。利用多糖易溶于水、难溶于有机溶剂的性质,采用丙酮等有机溶剂进行萃取,以达到去除叶绿素及脂溶性杂质的目的。同时,使用乙醇沉淀法可以将粗多糖从溶液中沉淀出来,去除大多数可溶性杂质。蛋白质的脱除可根据蛋白质易变性、易分解的性质,通过加入适当的溶剂使其凝结成沉淀,达到去除的目的。常用的多糖除蛋白质的方法有 Sevage 法、三氯乙酸法和酶法。

多糖的测定方法主要是紫外光谱法,通过对多糖进行衍生化,达到紫外显色的目的,使用紫外-可见分光光度计进行测量,此法快速、简便。此后,高纯度的或经过纯化的多糖可根据实际情况选择电泳法、比色法或高效液相色谱法等进行含量和纯度的测定。

(2)汉麻多糖的药理作用

关于汉麻多糖的研究较少,汉麻中独特的多糖种类或有价值的生物活性鲜有报道。郭孟璧等通过水提醇沉法制备了工业大麻雌株花叶多糖,采用 Kirby-Bauer 纸片扩散法测定了该汉麻多糖对 9 种常见致病菌的体外抑菌活性。结果表明,该汉麻多糖对金黄色葡萄球菌具有杀菌作用,最低抑菌浓度为 3.125 mg/mL,最低杀菌浓度为 6.25 mg/mL,对大肠埃希菌等其他 8 种人体致病菌无抑菌活性。同时,研究了紫外线、温度、pH 值以及氧化剂和还原剂对其抑菌效果的影响。实验表明,该汉麻多糖具有良好的紫外稳定性和热稳定性,对氧化剂和还原剂的耐受能力较好。

1.2.3.3 生物碱类化合物

自罂粟中发现吗啡以来,已在不同种类的罂粟中鉴定出约 2 万种生物碱,它们可用作药物、兴奋剂和麻醉剂等。生物碱是代谢的最终产物或者废物,是氮的储存库,是抵御捕食者和压力的保护剂。生物碱作为汉麻中另一个重要的次生代谢产物,具有多种药理学特性,包括抗菌和抗癌特性等。已从汉麻叶中鉴定出的含氮化合物超过 20 种,其中大部分属于生物碱,这些物质包括神经碱、颠茄碱和胆碱等,胆碱、神经氨酸、L-(+)-异亮氨酸-甜菜碱和毒蕈碱是原生物碱。此外,大麻碱(Cannabisativine)和脱水大麻碱(Anhydrocannabisati-vine)是从大麻叶中分离得到的两种特殊的生物碱。

1.3 我国汉麻相关政策

首先,大麻是我国法律明确规定的毒品。对于未经国家主管部门批准私自种植大麻毒品原植物,或者没有按照批准的种植计划和限定数量进行种植,均属非法种植毒品原植物。汉麻仅限部分地区用于获取纤维质以及种子的种植、研究和加工,未批准进行医用和食品添加。

目前,国内有关汉麻的规定主要见于国家禁毒委、农业农村部、国家发改委和商务部发布的文件。云南和黑龙江两省出台了专门针对汉麻的地方性法规和地方政府规章。随着汉麻价值的不断发掘和社会呼声的不断高涨,公安部禁毒局于 2016 年开始调研并推动制定《关于工业大麻合理加工应用的相关规定》;农业农村部 2018 年公告了《工业大麻种子》3 项农业行业标准通过审定并批准发布实施;国家禁毒办 2019 年发布了《关于加强工业大麻管控工作的通知》,要求各省市自治区禁毒部门要严把汉麻许可审批关。可见,中国现今汉麻实行的是严格管控下的产业发展模式,并明确其许可审批工作由省级禁毒部门负责。

2003 年,云南省公安厅依据联合国禁毒公约、中国禁毒法律法规和云南省地方法规制定了《云南省工业大麻管理暂行规定》,由云南省人民政府颁布施行,在中国首次明文提出工业大麻(汉麻)的概念,自此云南省成为中国第一个开放汉麻种植加工的省份;2010 年,云南省政府出台的《云南省工业大麻种植加工许可规定》,成为中国第一部规范汉麻种植加工的地方政府规章;2018 年,修订施行的《云南省禁毒条例》延续了对种植和加工汉麻的授权规定。黑龙江省在 2017 年修订施行的《黑龙江省禁毒条例》单列"工业用大麻管理"专章对汉麻进行了规定,同时在附则中对"工业用大麻"的概念进行了说明。在地方立法权限内明确将工业用大麻和毒品大麻区分开,允许工业用大麻的种植、销售和加工,并做好相关管理工作,这标志着黑龙江省成为继云南省之后第二个将汉麻合法化的省份。作为国内曾经的另一汉麻种植大省,吉林省于 2018 年也做过汉麻种植、科研和加工的有限制开放的讨论及尝试,但目前还未有后续政策开放的报道。

其次,各单独领域也分别出台了具体的管理办法和规定。在汉麻种质领域中,云南省先后发布实施了《工业大麻品种类型》《工业大麻种子质量》和《工业大麻种子繁育技术规程》等地方标准,黑龙江省农业委员会颁布实施了《黑龙江省工业用大麻品种认定办法》和《黑龙江省工业用大麻品种认定标准》等。这些法规标准指导了两省汉麻品种的发展,根据地方特点,两省科研单位分别培育出云麻系列、云麻杂系列、龙麻系列、大庆麻系列、牡麻系列和火麻系列等 20 余具有自主知识产权的汉麻品种系列。

再次,严格实行许可、备案和报告制度,明确了种植和加工汉麻的单位或个人的管理义务。严格监测植株 THC 含量,严格管控花叶、加工物及加工剩余物的流向、保管和处置,确保了汉麻行业的安全性。

最后,两省近年来多次发布相关政策文件,规划细则,成立专项协会,促进产学研结合,增强学术交流,大力推动了汉麻行业的健康发展。

总体而言,国内开放汉麻种植、科研和加工的两个省份,均具有悠久的汉麻种植历史和传统基础。同时,在国家法律法规的范畴内,制定了符合自身实际情况的针对性政策和地方法规,使汉麻的种植、科研和加工做到了有法可依。目前,中国已成为全世界汉麻种植面积最大的国家。

1.4 汉麻的发展前景

人类与大麻都经历了几千年的漫长历史和许多起起落落。在过去的十年里,科学界和公共社会越来越多地接受了药用大麻。药用大麻的本质是一种具有药用价值和营养价值的有前途的植物资源。然而,人们对毒品大麻和药用大麻的区别还缺乏认识。无论是否被接受,汉麻及其衍生的各种产品都在人们的生活中变得更加常见,同时也受到政策、法律和法规的关注。在从汉麻中提取的数百种提取物中,人们对大麻素的需求日益增长,其中主要是 CBD,其在动物或人类医学中具有多种多样的治疗和营养特性。

目前,世界上越来越多的人开始使用不同形式的大麻素制品,汉麻制品企业之间在新产品的研发和获得批准方面竞争激烈。相对于纺织等汉麻传统应用领域,医药、保健和功能食品等领域的附加值要高得多,所以汉麻的未来应用领域,很大一部分是在制药、保健品和食品行业。针对这些情况,越来越多的国家迅速调整规划,以适应新的市场形势和国际标准。人们在控制 THC 含量的前提下,开发 CBD 及其他药用成分的应用,正逐步将大麻的滥用转变为医药、食品、饲料、饮料、美容产品和保健品的正规、合法使用。但是,精神活性成分 THC 的含量和公众对毒品的担心,仍然是汉麻发展的最大阻碍。对于毒品的零容忍一直是我国最基本的法律和道德底线,因此,在汉麻的育种、种植、科研和加工过程中,如何减少 THC 的生成量,如何尽可能地将其脱除,仍然是行业最重要的核心技术及底线。但可以肯定的是,汉麻特别是应用于医药和保健领域的高 CBD 含量汉麻,其应用前景一定是积极且健康的。

参考文献

［1］付小刚. 大麻科分子系统学研究与分化时间估算［D］. 西安：西北大学, 2021.

［2］ZHANG H L, JIN J J, MOORE M J, et al. Plastome characteristics of Cannabaceae［J］. Plant Diversity, 2018, 40(3)：127 – 137.

［3］AIZPURUA – OLAIAOLA O, SOYDANER U, ÖZTÜRK E, et al. Evolution of the cannabinoid and terpene content during the growth of *Cannabis sativa* plants from different chemotypes［J］. Journal of Natural Products, 2016, 79(2)：324 – 331.

［4］郭丽, 王明泽, 王殿奎, 等. 工业大麻综合利用研究进展与前景展望［J］. 黑龙江农业科学, 2014(8)：132 – 134.

［5］刘毅. 工业大麻叶的成分分析及生物活性初步研究［D］. 北京：中国农业科学院, 2020.

［6］MIHOC M, POP G, ALEXA E, et al. Nutritive quality of romanian hemp varieties (*Cannabis sativa* L.) with special focus on oil and metal contents of seeds［J］. Chemistry Central Journal, 2012, 6(1)：122.

［7］LAPRAIRIE R, MOHAMED K, KIM D, et al. Novel pharmacology of cannabidivarin, tetrahydrocannabivarin, cannabigerol, and cannabichromene *in vitro* and *in vivo*［J］. British Journal of Pharmacology, 2020, 177(11)：2626 – 2627.

［8］ANIL S M, SHALEV N, VINAYAKA A C, et al. Cannabis compounds exhibit anti – inflammatory activity *in vitro* in COVID – 19 – related inflammation in lung epithelial cells and pro – inflammatory activity in macrophages［J］. Scientific Reports, 2021, 11(1): 1462.

[9] 韩丙军, 彭黎旭. 植物多酚提取技术及其开发应用现状[J]. 华南热带农业大学学报, 2005, 11(1): 21 – 26.

[10] 李群梅, 杨昌鹏, 李健, 等. 植物多酚提取与分离方法的研究进展[J]. 保鲜与加工, 2010, 10(1): 16 – 19.

[11] 孙希, 金哲雄. 植物多酚提取分离方法的研究进展[J]. 黑龙江医药, 2015, 28(1): 80 – 83.

[12] 姚瑞祺. 植物多酚提取分离方法研究进展[J]. 农产品加工·学刊, 2011 (5): 84 – 85.

[13] 郜海燕, 李兴飞, 陈杭君, 等. 山核桃多酚物质提取及抗氧化研究进展[J]. 食品科学, 2011, 32(5): 336 – 341.

[14] TORRENS A, VOSZELLA V, HUFF H, et al. Comparative pharmacokinetics of Δ^9 – tetrahydrocannabinol in adolescent and adult male mice[J]. Journal of Pharmacology and Experimental Therapeutics, 2020, 374(1): 151 – 160.

[15] REDDY D S, GOLUB V M. The pharmacological basis of cannabis therapy for epilepsy[J]. Journal of Pharmacology and Experimental Therapeutics, 2016, 357(1): 45 – 55.

[16] ROSENBERG E C, TSIEN R W, WHALLEY B J, et al. Cannabinoids and epilepsy[J]. Neurotherapeutics, 2015, 12(4): 747 – 768.

[17] ALVES P, AMARAL C, TEIXEIRA N, et al. *Cannabis sativa*: much more beyond Δ^9 – tetrahyd rocannabinol [J]. Pharmacological Research, 2020, 157: 104822.

[18] DO NASCIMENTO G C, FERRARI D P, GUIMARAES F S, et al. Cannabidiol increases the nociceptive threshold in a preclinical model of Parkinson's disease[J]. Neuropharmacology, 2020, 163: 107808.

[19] LIBRO R, DIOMEDE F, SCIONTI D, et al. Cannabidiol modulates the expression of Alzheimer's disease – related genes in mesenchymal stem cells [J]. International Journal of Molecular Sciences, 2016, 18(1): 26.

[20] 成亮, 孔德云. 大麻中非成瘾性成分大麻二酚及其类似物的研究概况[J]. 中草药, 2008, 39(5): 783 – 787.

[21] FRANCO V, PERUCCA E. Pharmacological and therapeutic properties of cannabidiol for epilepsy[J]. Drugs, 2019, 79(13): 1435 – 1454.

[22] KHAN A A, SHEKH – AHMAD T, KHALIL A, et al. Cannabidiol exerts antiepi – leptic effects by restoring hippocampal interneuron functions in a temporal lobe epilepsy model[J]. British Journal of Pharmacology, 2018, 175 (11): 2097 – 2115.

[23] MILLER I, SCHEFFER I E, GUNNING B, et al. Dose – ranging effect of adjunctive oral cannabidiol *vs* placebo on convulsive seizure frequency in Dravet syndrome. a randomized clinical trial[J]. JAMA Neurology, 2020, 77 (5): 613 – 621.

[24] BALASH Y, SCHLEIDER L B L, KORCZYN A D, et al. Medical cannabis in Parkinson disease: real – life patients' experience[J]. Clinical Neuropharmacology, 2017, 40(6): 268 – 272.

[25] GUGLIANDOLO A, POLLASTRO F, BRAMANTI P, et al. Cannabidiol exerts protective effects in an *in vitro* model of Parkinson's disease activating AKT/mTOR pathway[J]. Fitoterapia, 2020, 143: 104553.

[26] SHELEF A, BARAK Y, BERGER U, et al. Safety and efficacy of medical cannabis oil for behavioral and psychological symptoms of dementia: an – open label, add – on, pilot study[J]. Journal of Alzheimer's Disease, 2016, 51(1): 15 – 19.

[27] STERN C A J, GAZARINI L, VANVOSSEN A C, et al. Δ^9 – tetrahydrocannabinol alone and combined with cannabidiol mitigate fear memory through reconsolidation disruption [J]. European Neuropsychopharmacology, 2015, 25(6): 958 – 965.

[28] COHEN J, WEI Z, PHANG J, et al. Cannabinoids as an emerging therapy for posttraumatic stress disorder and substance use disorders[J]. Journal of Clinical Neurophysiology, 2020, 37(1): 28 – 34.

[29] GIACOPPO S, POLLASTRO F, GRASSI G, et al. Target regulation of PI3K/ Akt/mTOR pathway by cannabidiol in treatment of experimental multiple sclerosis[J]. Fitoterapia, 2017, 116: 77 – 84.

[30] KOZELA E, JUKNAT A, GAO F Y, et al. Pathways and gene networks medi-
ating the regulatory effects of cannabidiol, a nonpsychoactive cannabinoid in
autoimmune T cells[J]. Journal of Neuroinflammation, 2016, 13(1): 136.

[31] 王爽, 汤云云, 岳琦. 非精神活性大麻二酚抗肿瘤研究新进展[J]. 国际
肿瘤学杂志, 2020, 47(10): 619 – 623.

[32] LAH T T, NOVAK M, ALMIDON M, et al. Cannabigerol is a potential thera-
peutic agent in a novel combined therapy for glioblastoma[J]. Cells, 2021,
10(2): 340.

[33] ELBAZ M, AHIRWAR D, ZHANG X L, et al. TRPV2 is a novel biomarker
and therapeutic target in triple negative breast cancer[J]. Oncotarget, 2016,
9(71): 33459 – 33470.

[34] JEONG S, KIM B G, KIM D Y, et al. Cannabidiol overcomes oxaliplatin
resistance by enhancing NOS3 – and SOD2 – induced autophagy in human
colorectal cancer cells[J]. Cancers, 2011, 11(6): 781.

[35] PALMA E, REYES – RUIZ J M, LOPERGOLO D, et al. Acetylcholine
receptors from human muscle as pharmacological targets for ALS therapy[J].
Proceedings of the National Academy of Sciences of the United States of
America, 2016, 113(11): 3060 – 3065.

[36] SOUNDARA R T, DOMENICO S, FRANCESCA D, et al. Gingival stromal
cells as an *in vitro* model: cannabidiol modulates genes linked with amyotro-
phic lateral sclerosis[J]. Journal of Cellular Biochemistry, 2017, 118(4):
819 – 828.

[37] RIZZO M D, CRAWFORD R B, HENRIQUEZ J E, et al. HIV – infected
cannabis users have lower circulating CD16 + monocytes and IFN – γ – indu-
cible protein 10 levels compared with nonusing HIV patients[J]. Aids, 2018,
32(4): 419 – 429.

[38] RAMIREZ S H, REICHENBACH N L, FAN S, et al. Attenuation of HIV – 1
replication in macrophages by cannabinoid receptor 2 agonists[J]. Journal of
Leukocyte Biology, 2013, 93(5): 801 – 810.

[39] QIAO Z H, KUMAR A, KUMAR P, et al. Involvement of a non – CB1 /CB2

cannabinoid receptor in the aqueous humor outflow – enhancing effects of abnormal – cannabidiol [J]. Experimental Eye Research, 2012, 100: 59 – 64.

[40] IZZO A A, BORRELLI F, CAPASSO R, et al. Non – psychotropic plant cannabinoids: new therapeutic opportunities from an ancient herb[J]. Trends in Pharmacological Sciences, 2009, 30(10): 515 – 527.

[41] BRIERLEY D I, SAMUELS J, DUNCAN M, et al. A cannabigerol – rich *Cannabis sativa* extract, devoid of Δ^9 – tetrahydrocannabinol, elicits hyperphagia in rats[J]. Behavioural Pharmacology, 2017, 28(4): 280 – 284.

[42] BORRELLI F, PAGANO E, ROMANO B, et al. Colon carcinogenesis is inhibited by the TRPM8 antagonist cannabigerol, a *Cannabis* – derived non – psychotropic cannabinoid [J]. Carcinogenesis, 2014, 35 (12): 2787 – 2797.

[43] CASCIO M G, GAUSON L A, STEVENSON L A, et al. Evidence that the plant cannabinoid cannabigerol is a highly potent α_2 – adrenoceptor agonist and mode-rately potent $5HT_{1A}$ receptor antagonist[J]. British Journal of Pharmacology, 2010, 159(1): 129 – 141.

[44] PAGANO E, CAPASSO R, PISCITELLI F, et al. An orally active *Cannabis* extract with high content in cannabidiol attenuates chemically – induced intestinal inflammation and hypermotility in the mouse[J]. Frontiers in Pharmacology, 2016, 7: 341.

[45] DE PETROCELLIS L, VELLANI V, SCHIANO – MORIELLO A, et al. Plant – derived cannabinoids modulate the activity of transient receptor potential channels of ankyrin type – 1 and melastatin type – 8[J]. Journal of Pharmacology and Experimental Therapeutics, 2008, 325(3): 1007 – 1015.

[46] ROMANO B, BORRELLI F, FASOLINO I, et al. The cannabinoid TRPA1 agonist cannabichromene inhibits nitric oxide production in macrophages and ameliorates murine colitis[J]. British Journal of Pharmacolgy, 2013, 169 (1): 213 – 229.

[47] SHINJYO N, MARZO D V. The effect of cannabichromene on adult neural

stem/progenitor cells [J]. Neurochemistry International, 2013, 63 (5): 432 – 437.

[48] DENNIS I, WHALLEY B J, STEPHENS G J. Effects of Δ^9 – tetrahydrocannabivarin on [35S] GTPγS binding in mouse brain cerebellum and piriform cortex membranes[J]. British Journal of Pharmacolgy, 2008, 15: 1349 – 1358.

[49] PERTWEE R G. The diverse CB_1 and CB_2 receptor pharmacology of three plant cannabinoids: Δ^9 – tetrahydrocannabinol, cannabidiol and Δ^9 – tetrahydrocannabivarin [J]. British Journal of Pharmacolgy, 2008, 153 (2): 199 – 215.

[50] ROMANO B, PAGANO E, ORLANDO P, et al. Pure Δ^9 – tetrahydrocannabivarin and a *Cannabis sativa* extract with high content in Δ^9 – tetrahydrocannabivarin inhibit nitrite production in murine peritoneal macrophages[J]. Pharmacological Research, 2016, 113: 199 – 208.

[51] FELIPE C F B, ALBUQUERQUE A M S, DE PONTES J L X, et al. Comparative study of alpha – and beta – pinene effect on PTZ – induced convulsions in mice [J]. Fundamental and Clinical Pharmacology, 2019, 33 (2): 181 – 190.

[52] ZMYAD M, ABBASNEJAD M, ESMAEILI – MAHANI S, et al. The anticonvulsant effects of *Ducrosia anethifolia* (Boiss) essential oil are produced by its main component alpha – pinene in rats[J]. Arquivos de Neuro – Psiquiatria, 2019, 77(2): 106 – 114.

[53] HEBLINSKI M, SANTIAGO M, FLETCHER C, et al. Terpenoids commonly found in *Cannabis sativa* do not modulate the actions of phytocannabinoids or endocannabinoids on TRPA1 and TRPV1 channels[J]. Cannabis and Cannabinoid Research, 2020, 5(4): 305 – 317.

[54] KHOSHNAZAR M, BIGDELI M R, PARVARDEH S, et al. Attenuating effect of α – pinene on neurobehavioural deficit, oxidative damage and inflammatory response following focal ischaemic stroke in rat[J]. Journal of Pharmacy and Pharmacology, 2019, 71(11): 1725 – 1733.

[55] FINLAY D B, SIRCOMBE K J, NIMICK M, et al. Terpenoids from cannabis

do not mediate an entourage effect by acting at cannabinoid receptors[J].
Frontiers in Pharmacology, 2020, 11：359.

[56] MEEHAN - ATRASH J, LUO W T, STRONGIN R M . Toxicant formation in
babbing：the terpene story[J]. ACS Omega, 2017, 2(9)：6112 -6117.

[57] PAMPLONA F A, DA SILVA L R, COAN A C. Potential clinical benefits of
CBD - rich *Cannabis* extracts over purified CBD in treatment - resistant
epilepsy：observational data meta - analysis[J]. Frontiers in Neurology,
2018, 9：759.

[58] COMELLI F, GIAGNONI G, BETTONI I, et al. Antihyperalgesic effect of a
Cannabis sativa extract in a rat model of neuropathic pain：mechanisms
involved[J]. Phytotherapy Research, 2010, 22(8)：1017 -1024.

[59] IBRAHIM E A, WANG M, RADWAN M M, et al. Analysis of terpenes in
Cannabis sativa L. using GC/MS：method development, validation, and appli-
cation[J]. Planta Medica, 2019, 85(5)：431 -438.

[60] SMERIGLIO A, TROMBETTA D, ALLOISIO S, et al. Promising *in vitro*
antioxidant, anti - acetylcholinesterase and neuroactive effects of essential
oil from two non - psychotropic *Cannabis sativa* L. biotypes[J]. Phytotherapy
Research, 2020, 34(9)：1 -16.

[61] HANUŠ L, BREUER A, TCHILIBON S, et al. HU -308：a speciflfic agonist
for CB_2, a peripheral cannabinoid receptor[J]. Proceedings of the National
Academy of Sciences of the United States of America, 1999, 96 (25)：
14228 -14233.

[62] YANG H, WOO J, PAE A N, et al. α -pinene, a major constituent of pine
tree oils, enhances non - rapid eye movement sleep in mice through GABAA -
benzodiazepine receptors[J]. Molecular Pharmacology, 2016, 90(5)：530 -
539.

[63] GUZMÁN - GUTIÉRREZ S L, GÓMEZ - CANSINO R, GARCÎA -
ZEBADÚA J C, et al. Antidepressant activity of *Litsea glaucescens* essential
oil：identifification of β -pinene and linalool as active principles[J]. Journal
of Ethnopharmacology, 2012, 143(2)：673 -679.

[64] HANUŠ L O, HOD Y. Terpenes/terpenoids in *Cannabis*: are they important? [J]. Medical Cannabis and Cannabinoids, 2020, 3(1): 25 – 60.

[65] RUFIFINO A T, RIBEIRO M, SOUSA C, et al. Evaluation of the anti – inflammatory, anti – catabolic and proanabolic effects of E – caryophyllene, myrcene and limonene in a cell model of osteoarthritis[J]. European Journal of Pharmacology, 2015, 750: 141 – 150.

[66] DO AMARAL J F, SILVA M I G, DE AQUINO NETO M R, et al. Antinociceptive effect of the monoterpene R – (+) – limonene in mice[J]. Biological and Pharmaceutical Bulletin, 2007, 30(7): 1217 – 1220.

[67] PICCINELLI A C, SANTOS J A, KONKIEWITZ E C, et al. Antihyperalgesic and antidepressive actions of (R) – (+) – limonene, α – phellandrene, and essential oil from *Schinus terebinthifolius* fruits in a neuropathic pain model [J]. Nutritional Neuroscience, 2015, 18(5): 217 – 224.

[68] SMERIGLIO A, ALLOISIO S, RAIMONDO F M, et al. Essential oil of citrus lumia risso: phytochemical profile, antioxidant properties and activity on the central nervous system [J]. Food and Chemical Toxicology, 2018, 119: 409 – 416.

[69] RAJAK H, THAKUR B S, SINGH A, et al. Novel limonene and citral based 2, 5 – disubstituted – 1, 3, 4 – oxadiazoles: a natural product coupled approach to semicarbazones for antiepileptic activity[J]. Bioorganic and Medicinal Chemistry Letters, 2013, 23(3): 864 – 868.

[70] SIVEEN K S, KUTTAN G. Thujone inhibits lung metastasis induced by B16F – 10 melanoma cells in C57BL/6 mice[J]. Canadian Journal of Physiology and Pharmacology, 2011, 89(10): 691 – 703.

[71] DE OLIVEIRA RAMALHO T R, DE OLIVEIRA M T P, DE ARAUJO LIMA A L, et al. Gamma – terpinene modulates acute inflammatory response in mice [J]. Planta Medica, 2015, 81(14): 1248 – 1254.

[72] GOMES – CARNEIRO M R, VIANA M E S, FELZENSZWALB I, et al. Evaluation of β – myrcene, α – terpinene and (+) – and (–) – α – pinene in the *Salmonella*/microsome assay [J]. Food and Chemical Toxicology,

2005, 43(2): 247 – 252.

[73] FARRÉ – ARMENGOL G, FILELLA I, LLUSIÀ J, et al. β – ocimene, a key floral and foliar volatile involved in multiple interactions between plants and other organisms[J]. Molecules, 2017, 22(7): 1148.

[74] BOMFIFIM L M, MENEZES L R A, RODRIGUES A C B C, et al. Antitumour activity of the microencapsulation of annona vepretorum essential oil[J]. Basic and Clinical Pharmacology and Toxicology, 2016, 118(3): 208 – 213.

[75] FENG Y X, WANG Y, CHEN Z Y, et al. Efficacy of bornyl acetate and camphene from *Valeriana officinalis* essential oil against two storage insects[J]. Environmental Science and Pollution Research, 2019, 26 (16): 16157 – 16165.

[76] BENELLI G, GOVINDARAJAN M, RAJESWARY M, et al. Insecticidal activity of camphene, zerumbone and α – humulene from *Cheilocostus speciosus* rhizome essential oil against the old – World bollworm, *Helicoverpa armigera* [J]. Ecotoxicology and Environmental Safety, 2018, 148(2): 781 –786.

[77] BENELLI G, GOVINDARAJA M, ALSALHI M S, et al. High toxicity of camphene and γ – elemene from *Wedelia prostrata* essential oil against larvae of *Spodoptera litura* (Lepidoptera: Noctuidae)[J]. Environmental Science and Pollution Research, 2018, 25(11): 10383 – 10391.

[78] PARK S N, LIM Y K, FREIRE M O, et al. Antimicrobial effect of linalool and α – terpineol against periodontopathic and cariogenic bacteria [J]. Anaerobe, 2012, 18(3): 369 –372.

[79] MOGHIMI M, PARVARDEH S, ZANJANI T M, et al. Protective effect of α – terpineol against impairment of hippocampal synaptic plasticity and spatial memory following transient cerebral ischemia in rats[J]. Iranian Journal of Basic Medical Sciences, 2016, 19(9): 960 –969.

[80] NOGUEIRA M N M, AQUINO S G, ROSSA JUNIOR C, et al. Terpinen – 4 – ol and alpha – terpineol (tea tree oil components) inhibit the production of IL –1β, IL – 6 and IL – 10 on human macrophages[J]. Inflammation Research, 2014, 63(9): 769 –778.

[81] JING G X, TAO N G, JIA L, et al. Influence of α – terpineol on the growth and morphogenesis of *Penicillium digitatum*[J]. Botanical Studies, 2015, 56 (1): 35.

[82] BABUKUMAR S, VINOTHKUMAR V, SANKARANARAYANAN C, et al. A natural monoterpene, ameliorates hyperglycemia by attenuating the key enzymes of carbohydrate metabolism in streptozotocin – induced diabetic rats[J]. Pharmaceutial Biology, 2017, 55(1): 1442 – 1449.

[83] National Toxicology Program. Toxicology and carcinogenesis studies of pulegone in F344/N rats and B6C3F1 mice (gavage studies)[R]. National Toxicology Program, 2011.

[84] FIDYT K, FIEDOROWICZ A, STRZADAŁA L, et al. β – caryophyllene and β – caryophyllene oxide – natural compounds of anticancer and analgesic properties[J]. Cancer Medicine, 2016, 5(10): 3007 – 3017.

[85] DA SILVA R C S, MILET – PINHEIRO P, DA SILVA P C B, et al. (E) – caryophyllene and α – humulene: *Aedes aegypti* oviposition deterrents elucidated by gas chromatography – electrophysiological assay of *Commiphora leptophloeos* leaf oil[J]. PLos One, 2015, 10(12): e0144586.

[86] MEMARINANI T, HOSSEINI T, KAMALI H, et al. Evaluation of the cytotoxic effects of cyperus longus extract, fractions and its essential oil on the PC3 and MCF7 cancer cell lines [J]. Oncology Letters, 2016, 11 (2): 1353 – 1360.

[87] SEGAT G C, MANJAVACHI M N, MATIAS D O, et al. Antiallodynic effect of β – caryophyllene on paclitaxel – induced peripheral neuropathy in mice [J]. Neuropharmacology, 2017, 125: 207 – 219.

[88] FERNANDES E S, PASSOS G F, MEDEIROS, R, et al. Anti – inflammatory effects of compounds alpha – humulene and (–) – *trans* – caryophyllene isolated from the essential oil of *Cordia verbenacea* [J]. European Journal of Pharmacology, 2007, 569(3): 228 – 236.

[89] ROGERIO A P, ANDRADE E L, LEITE D F P, et al. Preventive and therapeutic anti – inflammatory properties of the sesquiterpene α – humulene in

experimental airways allergic inflammation[J]. British Journal of Pharmacology, 2009, 158(4): 1074 – 1087.

[90] JOU Y J, HUA C H, LIN C S, et al. Anticancer activity of γ – bisabolene in human neuroblastoma cells via induction of p53 – mediated mitochondrial apoptosis[J]. Molecules, 2016, 21: 601.

[91] ZHAI B, ZHANG N, HAN X, et al. Molecular targets of β – elemene, a herbal extract used in traditional Chinese medicine, and its potential role in cancer therapy: a review[J]. Biomedicine and Pharmacotherapy, 2019, 114: 108812.

[92] ANTER J, ROMERO – JIMÊNEZ M, FERNÁNDEZ – BEDMAR Z, et al. Antigenotoxicity, cytotoxicity, and apoptosis induction by apigenin, bisabolol, and protoca-techuic acid[J]. Journal of medicinal food, 2011, 14 (3): 276 – 283.

[93] JOO J H, JETTEN A M. Molecular mechanisms involved in farnesol – induced apoptosis[J]. Cancer Letters, 2010, 287(2): 123 – 135.

[94] HANUŠOVÁ V, CALTOUÁ K, SVOBODOVÁ H, et al. The effects of β – caryophyllene oxide and trans – nerolidol on the efficacy of doxorubicin in breast cancer cells and breast tumor – bearing mice[J]. Biomedicine and Pharmacotherapy, 2017, 95: 828 – 836.

[95] PELLATI F, BORGONETTI V, BRIGHENTI V, et al. *Cannabis sativa* L. and nonpsychoactive cannabinoids: their chemistry and role against oxidative stress, inflammation, and cancer [J]. Biomed Research International, 2018, 15: 1691428.

[96] BETANCUR – GALVIS L A, SAEZ J GRANADOS H, et al. Antitumor and antiviral activity of colombian medicinal plant extracts[J]. Memórias do Instituto Oswaldo Cruz, 1999, 94(4): 531 – 535.

[97] NNNTINEN T. Medicinal properties of terpenes found in *Cannabis sativa* and humulus lupulus[J]. European Journal of Medicinal Chemistry, 2018, 157: 198 – 228.

[98] WANG T Y, LI Q, BI K S. Bioactive flavonoids in medicinal plants: struc-

ture, activity and biological fate [J]. Asian Journal of Pharmaceutical Sciences, 2018, 13(1): 12 – 23.

[99] SAIDI R, CHAWECH R, BACCOUCH N, et al. Study toward antioxidant activity of clematis flammula extracts: purification and identification of two flavonoids – glucoside and trisaccharide[J]. South African Journal of Botany, 2019, 123: 208 – 213.

[100] DELGADO – POVEDANO M M, CALLADO C S C, PRIEGO – CAPOTE F, et al. Untargeted characterization of extracts from *Cannabis sativa* L. cultivars by gas and liquid chromatography coupled to mass spectrometry in high resolution mode[J]. Talanta, 2020, 208: 120384.

[101] ROSS S A, ELSOHLY M A, SULTANA G N N, et al. Flavonoid glycosides and cannabinoids from the pollen of *Cannabis sativa* L. [J]. Phytochemical Analysis, 2005, 16(1): 45 – 48.

[102] VEITCH N C, GRAYER R J. Flavonoids and their glycosides, including anthocyanins[J]. Natural Product Reports, 2011, 28(10): 1626 – 1695.

[103] 姜硕, 万璐, 许哲祥, 等. 汉麻黄酮类成分研究进展[J]. 中国农学通报, 2021, 37(17): 120 – 128.

[104] 周孟焦, 陈凯, 史芳芳, 等. 微波辅助法从藤椒果皮中提取黄酮的工艺研究[J]. 农产品加工, 2020(8): 23 – 25, 31.

[105] 张曦元. 银杏黄酮的制备及其抗氧化性研究[D]. 大连: 大连工业大学, 2016.

[106] GOULA A M. Ultrasound – assisted extraction of pomegranate seed oil – kinetic modeling [J]. Journal of Food Engineering, 2013, 117 (4): 492 – 498.

[107] 崔文霞. 超临界提取浙贝母生物碱的研究[D]. 杭州: 浙江大学, 2016.

[108] MANSUR A R, SONG N E, JANG H W, et al. Optimizing the ultrasound – assisted deep eutectic solvent extraction of flavonoids in common buckwheat sprouts[J]. Food Chemistry, 2019, 293: 438 – 445.

[109] 张杨, 卢泳冀, 王晨曦, 等. 闪式提取法在植物组织中提取总黄酮的研究进展[J]. 广州化工, 2020, 48(7): 17 – 20, 45.

[110] LI A F, SUN A L, LIU R M, et al. An efficient preparative procedure for main flavonoids from the peel of trichosanthes kirilowii maxim. using polyamide resin followed by semi – preparative high performance liquid chromatography[J]. Journal of Chromatography B, 2014, 965: 150 – 157.

[111] 苏慧珊, 张琳, 张一帆, 等. 聚酰胺在黄酮类化合物分离纯化中的应用[J]. 广州化工, 2019, 47(22): 23 – 24.

[112] LUO Z H, GOU Z H, XIAO T, et al. Enrichment of total flavones and licochalcone A from licorice residues and its hypoglycemic activity[J]. Journal of Chromatography B, 2019, 1114 – 1115: 134 – 145.

[113] 张秋霞, 陈康, 汪金玉, 等. 橘叶黄酮的纯化及其体外抗氧化能力研究[J]. 食品研究与开发, 2019, 40(6): 57 – 63.

[114] 杨超, 刘冬恋, 谭林, 等. 聚酰胺 – 大孔树脂联用富集桑叶总黄酮工艺研究[J]. 食品研究与开发, 2016, 37(8): 45 – 48.

[115] 郑洁. 蜂胶中黄酮类化合物的富集分离研究[D]. 无锡: 江南大学, 2007.

[116] FALCONE FERREYRA M L, RIUS S P, CASATI P. Flavonoids: biosynthesis, biological functions, and biotechnological applications[J]. Frontiers in Plant Science, 2012, 3: 222.

[117] 张旭, 高宝昌, 田媛, 等. 汉麻有效成分提取、表征及功能性研究[J]. 黑龙江科学, 2018, 9(1): 68 – 69.

[118] SULAIMAN C T, ARUN A, ANANDAN E M, et al. Isolation and identification of phytoestrogens and flavonoids in an ayurvedic proprietary medicine using chromatographic and mass spectroscopic analysis[J]. Asian Pacific Journal of Reproduction, 2015, 4(2): 153 – 156.

[119] KISS B, POPA D S, POPA D H A, et al. Ultra – performance liquid chromatography method for the quantification of some phytoestrogens in plant material[J]. Revue Roumaine de Chimie, 2010, 55(8): 459 – 465.

[120] GUO T T, ZHANG J C, ZHANG H. Bioactive spirans and other constituents from the leaves of *Cannabis sativa f.* sativa[J]. Journal of Asian Natural Products Research, 2017, 19(8): 793 – 802.

[121] RADWAN M M, ELSOHLY M A, SLADE D, et al. Non – cannabinoid constituents from a high potency *Cannabis sativa* variety[J]. Phytochemistry, 2008, 69(14): 2627 – 2633.

[122] KHAN H, PERVIZ S, SUREDA A, et al. Current standing of plant derived flavonoids as an antidepressant[J]. Food and Chemical Toxicology, 2018, 119: 176 – 188.

[123] OLSEN H T, STAFFORD G I, VAN STADEN J, et al. Isolation of the MAO – inhibitor naringenin from *Mentha aquatica* L. [J]. Journal of Ethnopharmacology, 2008, 117(3): 500 – 502.

[124] GUAN L P, LIU B Y. Antidepressant – like effects and mechanisms of flavonoids and related analogue[J]. European Journal of Medicinal Chemistry, 2016, 121: 47 – 57.

[125] EGGERS C, FUJITANI M, KATO R, et al. Novel cannabis flavonoid, cannflavin a displays both a hormetic and neuroprotective profile against amyloid β – mediated neurotoxicity in PC12 cells: comparison with geranylated flavonoids, mimulone and diplacone [J]. Biochemical Pharmacology, 2019, 169: 113609.

[126] CITTI C, BRAGHIROLI D, VANDELLI M A, et al. Pharmaceutical and biomedical analysis of cannabinoids: a critical review[J]. Journal of Pharmaceutical and Biomedical Analysis, 2018, 147: 565 – 579.

[127] 王明艳, 张小杰, 王涛, 等. 响应面法优化香椿叶多糖的提取条件[J]. 食品科学, 2010, 31(4): 106 – 110.

[128] 侯秀娟, 沈勇根, 徐明生, 等. 响应曲面法优化微波萃取化橘红多糖[J]. 中国食品学报, 2013, 13(3): 101 – 109.

[129] JIANG C, LI X, JIAO Y, et al. Optimization for ultrasound – assisted extraction of polysaccharides with antioxidant activity *in vitro* form the aerial root of *Ficus microcarpa*[J]. Carbohydrate Polymers, 2014, 110: 10 – 17.

[130] CHEN R, LI S, LIU C, et al. Ultrasound complex enzymes assisted extraction and biochemical activities of polysaccharides from *Epimedium* leaves [J]. Process Biochemistry, 2012, 47(12): 2040 – 2050.

[131] 郭孟璧，郭蓉，郭鸿彦，等. 工业大麻雌株花叶多糖抑菌活性及稳定性分析[J]. 食品与生物技术学报，2019，38(6)：11 – 16.

[132] BOUQUIÉ R, DESLANDES G, MAZARÉ H, et al. Cannabis and anticancer drugs：societal usage and expected pharmacological interactions – a review [J]. Fundamental and Clinical Pharmacology, 2018, 32：462 – 484.

[133] VAN DE DONK T, NIESTERS M, KOWAL M A, et al. An experimental randomized study on the analgesic effects of pharmaceutical – grade cannabis in chronic pain patients with fibromyalgia [J]. Pain, 2019, 160 (4)：860 – 869.

[134] HAZEKAMP A, FISCHEDICK J T. Cannabis – from cultivar to chemovar [J]. Drug Testing and Analysis, 2012, 4(7 – 8)：660 – 667.

[135] 吴鹏，杨丽君，刘东麟，等. 云南、黑龙江两省工业大麻种植加工的合法化对吉林省的启示[J]. 中国麻业科学，2021，43(2)：88 – 96.

[136] BALDISSERA M D, GRANDO T H, SOUZA C F, et al. *In vitro* and *in vivo* action of terpinen – 4 – ol, γ – terpinene, and α – terpinene against *Trypanosoma evansi*[J]. Experimental Parasitology, 2016, 162：43 – 48.

第 2 章 汉麻有效成分分析方法的建立

2.1 汉麻有效成分分析方法概述

汉麻化学成分复杂,其中大麻素是主要的活性物质,具有多种生物功能。根据化合物的结构特点,对大麻素的前处理及分析方法进行综述,旨在为汉麻资源的质量控制及汉麻的深入研究提供参考依据。

2.1.1 汉麻的前处理方法

为了保证样品测定的准确性,前处理是十分重要的。除了少数情况仅需要简单的处理后就可以进行样品测定外,一般要在测定之前对样品进行前处理。样品前处理,是指对样品进行粉碎、提取、分离和纯化,必要时还需对待测样品进行化学衍生化,使被测组分定量地转入溶液中以便进行分析的过程。汉麻样品常用的粉碎方式包括机械粉碎和手动研磨粉碎,提取方法有浸渍提取法、回流提取法、连续回流提取法、超声辅助提取法及微波辅助提取法等。

2.1.1.1 样品粉碎方式

粉碎的目的主要有两个:一是保证所取样品均匀,具有代表性,提高测定结果的精密度和准确性;二是使样品更快、尽可能地提取完全,但是不能过细,防止过滤堵塞。粉碎时需要将粉碎容器清理干净,防止样品污染,同时注意粉碎温度和时间,防止有效成分破坏或挥发性成分损失。对于汉麻样品,应该根据具体情况进行粉碎,并按照需求过筛。粉碎的方式主要是机械粉碎(使用粉碎机)和手动研磨粉碎(使用研钵)。陈国峰等将汉麻样品置于避光通风处阴干,先用铡刀切成 1 cm 的小段,再放入食品加工机粉碎,过 40 目筛。制成试样,放入试样瓶中密封,−20 ℃保存,待测。姚德坤将新鲜汉麻样品切成 2~3 cm 的小段,放入烘箱中干燥 1.5~2.0 h,粉碎,过 40 目筛。傅强等将汉麻样品研磨成粉末,提取,测定。

2.1.1.2　脱羧方式

大麻素包括酸性大麻素和中性大麻素,大麻素酸是中性大麻素的前体,大麻素酸的稳定性不及大麻素,受光热易分解成中性物质。测定汉麻中 CBD 和 THC 的含量时,通常将大麻二酚酸(CBDA)转化成 CBD、将四氢大麻酚酸(THCA)转化成 THC。脱羧方式主要为微波辐射和物理加热,高宝昌等将汉麻花叶原料分别在不同功率条件下进行微波辐射,辐射温度分别为 40 ℃、50 ℃和 60 ℃,辐射 30 min。结果表明,微波辐射能够选择性地作用于大麻素酸分子结构上的羧基官能团,从而导致羧基端发生偶极转向极化和界面极化,在 60 ℃的条件下迅速完成脱羧。物理加热脱羧分为前脱羧和后脱羧,前脱羧是指在提取之前进行加热脱羧,后脱羧是指在提取纯化后进行加热脱羧。孙孔春等将汉麻叶在不同加热温度及加热时间下脱羧,120 ℃加热 40 min 脱羧效果最好,此时 CBD 含量最高。牟赵杰等将汉麻样品通过二氧化碳超临界萃取得到提取液,再通过柱层析得到一级纯化样品,此样品放入脱羧釜中,在一定温度和压力下脱羧一定时间,得到脱羧产物。

2.1.1.3　提取方法

中药提取的主要方法为溶剂提取法、水蒸气蒸馏法和升华法。汉麻中大麻素的提取主要采用溶剂提取法。选用适当的溶剂(对有效成分溶解度大,对杂质溶解度小)将原料中被测成分溶出的方法称为溶剂提取法。溶剂的选择遵循以下原则:一是"相似相溶"原则,二是安全性高原则,三是易得价廉原则。常用的溶剂有水、甲醇、乙醇、丙酮、氯仿、乙酸乙酯、石油醚及乙醚等。采用的提取方法有浸渍提取法、回流提取法、连续回流提取法、超声辅助提取法及微波辅助提取法等。

（1）煎煮法

煎煮法是我国最早使用的传统浸出方法。操作时将原料加入容器（砂锅、搪瓷容器或金属夹层锅，应避免铁器）中，选择适量的溶剂通过加热的方式提取有效成分，通常提取 2～3 次，为了防止局部原料受热太高，通常需要搅拌。此法简单，原料中大部分成分被不同程度地提取出来，但杂质较多。煎煮法适用于提取有效成分溶于水且受热不分解的原料。

（2）浸渍提取法

浸渍提取法是将原料置于溶媒中浸泡一段时间分离出浸出液的方法。根据温度的不同分为冷冻浸提、室温浸提及加温浸提，根据有效成分的性质选择不同的温度。整个浸提过程是溶媒溶解、分散有效成分而变成浸出液的过程，影响浸提效果的因素包括溶媒的种类与性质、样品性质、样品粒度、溶媒用量及浸提时间等。浸渍提取法的优点是简单便捷，适用于有效成分易分解的样品，缺点是提取时间长、提取效率低。尤其是以水作为溶媒的提取液久置易变质，必要时需要加入防腐剂。扶雅芬采用加温浸提（80 ℃）的方式用 95% 乙醇提取汉麻样品 2 h 得提取液。

（3）回流提取法

回流提取法是将原料放入圆底烧瓶中，水浴加热回流提取。在加热条件下，组分溶解度增大，溶出速率加快，有利于提取。回流提取法的优点是提取时间短，缺点是提取物质增多的同时杂质也增多，给后续的纯化带来困难。王昆华等将汉麻样品用 60%～70% 乙醇溶液加热回流提取 2～3 次，每次 1～2.5 h，旋转蒸发、浓缩，得浸膏。浸膏再加水，用碱调 pH 值，加热回流提取，用酸中和，用氯仿 - 石油醚萃取，得 CBD 提取液。

（4）索氏提取法

索氏提取法是将原料置于索氏提取器中，选择适宜的溶剂反复提取，一般提取数小时方可完成。索氏提取法的优点是提取效率高，所需溶剂少，提取杂质少，操作简单。王丹等将汉麻样品阴干，粉碎，过 50 目筛，加入甲醇，浸泡一段时间后超声，过滤，滤渣经索氏提取 2 次，过滤，合并滤液，蒸干至恒重，得甲醇提取物。

（5）超声辅助提取法

超声辅助提取法是将原料置于适宜的容器中，加入溶剂，放入超声波清洗机中超声提取。超声提取法是利用超声波的空化作用、机械效应和热效应等加速胞内有效物质的释放、扩散和溶解，显著提高提取效率的提取方法，是当前提取的一种常用手段。郭孟璧以固液比为 1∶20，在正己烷－乙酸乙酯 (9∶1) 溶剂中超声提取 30 min，静置 90 min，该工艺合理，稳定可行。这对测定汉麻中大麻素类物质的含量，保证高效液相色谱微量分析的合理性和准确性具有一定的参考意义。高宝昌等以料液比为 1∶20，在甲醇溶剂中超声提取 15 min，提取 3 次，该方法简单，适用于汉麻叶中 CBD 的定性和定量分析。

(6) 微波辅助提取法

微波辅助提取法是将原料置于不吸收微波的容器中，用微波加热提取的一种方法。微波是频率在 300 ~ 300 000 MHz、波长在 1 mm ~ 1 m 之间的电磁波。微波辅助提取法的特点是快速高效、加热均匀、节省溶剂、工艺简单及应用范围广。影响提取效率的主要因素包括溶剂的选择、固液比、微波辐射时间、微波辐射功率和粒度等。但是微波辅助提取法仅适用于热稳定的物质，对于热敏性物质，会使其失活或变性。姚德坤等采用微波辅助提取法提取 CBD，以 75% ~ 95% 的乙醇作为溶剂，在 200 ~ 500 W 加热至一定温度，提取 5 ~ 10 min。

(7) 闪式提取法

闪式提取法是近年发展的一种新提取技术，它是依据组织破碎提取的原理，利用适当溶剂在闪式提取容器中将物料快速破碎至适宜粒度，同时依靠高速搅拌、超强振荡和负压渗透等作用达到提取的目的。由于一次提取在几秒或几分钟就可以完成，提取效率为传统方法的几百倍，所以称为闪式提取法。栾云鹏等取汉麻花叶粗粉，加 10 倍体积的 60% ~ 100% 乙醇水溶液，用闪式提取器提取 3 次，每次 3 ~ 15 min，过滤，合并滤液，浓缩，得到提取浸膏。

(8) 微生物提取法

从汉麻植株中分离一种或多种真菌，进行培养繁殖，利用该真菌对汉麻花叶进行生物发酵处理，有效破坏细胞壁，从而提高汉麻花叶的细胞通透性。对发酵处理后的汉麻花叶进行提取，富集含有 CBD 的粗提浸膏。此方法优点在于比常规方法提取的有效成分含量高，缺点为提取时间相对较长。王钲霖等将汉麻中的一种或多种菌株繁殖培养，再利用这些菌株对汉麻花叶进行发酵处理，处理后的汉麻花叶用乙醇和正己烷等有机溶剂浸提，过滤，浓缩，得汉麻提取物浸膏。

2.1.1.4　分离纯化方法

（1）液液萃取法

液液萃取法是利用混合物中各成分在互不混溶的溶剂中分配系数不同而进行分离的方法。液液萃取主要分为两种形式：一是简单萃取，二是 pH 梯度萃取。采用不同的有机溶剂（极性由小到大）依次萃取，在某些情况下也可以选择1~2 种溶剂萃取。萃取的注意事项有以下几点：①乳化；②提取液的密度；③溶剂与水溶液保持一定的比例；④萃取次数。张赪等使用不同浓度的乙醇溶剂对浸提液进行萃取，达到分离纯化的目的。

（2）柱色谱法

色谱法是样品分析中常用的纯化方法，通常分为薄层色谱法、纸色谱法和柱色谱法，其中柱色谱法最常用。纯化过程用的色谱柱通常较小，称为固相小柱。该方法的优点是设备简单、操作方便，缺点是溶剂用量相对较大。色谱法常用的净化填料有中性氧化铝、大孔树脂、活性炭、硅藻土、硅胶、聚酰胺及离子交换树脂。实验步骤主要包括填料的装填（湿法装柱、干法装柱）、供试品的加入及洗脱。夏林波等建立了同时测定汉麻仁中 CBD、CBN 和 Δ^9 – THC 含量的方法，由于汉麻仁提取物中含有的大量油脂影响大麻素类物质的检测，通过萃取的方法很难将油脂成分去除，故采用氯仿 – 石油醚($4:1$, V/V)为洗脱液，进行硅胶柱层析以去除杂质，馏分浓缩、甲醇溶解后，上样分析。李少华等将中性氧化铝、石墨化碳黑和硅酸镁混合后，研磨过筛，制成正相固相萃取小柱，进行样品的纯化。该方法对汉麻花叶提取液中的叶绿素、糖、氨基酸和脂肪具有良好的去除能力，可大大降低这些杂质对超高效液相色谱小柱的损害及对有效成分含量的干扰。

（3）结晶法

结晶是指热的饱和溶液冷却后，因溶解度降低导致溶液过饱和，从而使溶质以晶体的形式析出的过程。结晶法是纯化物质最后阶段常采用的手段，利用混合物中各成分在溶剂中溶解度的不同达到分离的目的。李琳婧等将汉麻样品脱羧、提取、分离，得 CBD 粗品，加入乙醇溶剂，在低温条件下析出晶体，达到纯化 CBD 的目的。

2.1.1.5　衍生化方法

衍生化是利用化学反应把化合物转化成与其具有类似化学结构的物质,由此产生新的化学性质,可用于量化或分离。衍生化的作用主要是把难于分析的物质转化为与其化学结构相似但易于分析的物质,以适于进一步的结构鉴定或分析。衍生化在仪器分析中广泛应用,如在气相色谱中应用衍生化是为了增加样品的挥发度或提高灵敏度;液相色谱中一些物质在紫外、可见光区没有吸收或摩尔吸收系数小,可以使其与衍生化试剂反应,生成对紫外检测器、荧光检测器和电化学检测器等具有高灵敏度的衍生物。衍生化的目的是提高样品检测的灵敏度,它对反应条件要求不苛刻,且能迅速、定量地进行,对样品中的某个组分只生成一种衍生物,反应副产物及过量的衍生化试剂不干扰样品的检测,衍生化试剂方便易得,通用性好。衍生化包括柱前衍生化和柱后衍生化两种方式。由于柱前衍生化是在分离前使被测物质与衍生化试剂反应,故与被测物质具有相同官能团的杂质同样也会生成衍生物,这样就有可能影响检测,因此,应尽量将被测物质纯化后再进行衍生化。柱后衍生化是在被测物质经色谱柱分离之后进行的,所以可形成对检测器具有高灵敏度的衍生物,从而提高选择性。王占良等收集提取纯化后的样品,用氮气吹干,加入 N – 甲基 – N – (三甲基硅烷)三氟乙酰胺溶液,涡旋后,转移至瓶芯中,加盖封严,转移至恒温烘箱,70 ℃反应 20 min,待分析。

2.1.2　主要大麻素成分分析方法

2.1.2.1　化学显色法

将样品中被测组分转变成有色化合物的化学反应,叫显色反应。在天然产物中,多种类型的化学成分可以发生显色反应,如生物碱、香豆素、醌类、黄酮类、皂苷类、糖和苷类等。化学显色法的一般标准包括选择性好、灵敏度高、有色化合物的组成恒定、有色化合物与显色剂之间的颜色差别大以及显色反应的条件易于控制。通过化学显色法可以对一种化合物或一类化合物进行定性和定量分析。此方法简便,不需要仪器设备,测量快速。

2.1.2.2　薄层色谱法

薄层色谱法简称 TLC(thin layer chromatography)，是将适宜的固定相涂布于玻璃板、塑料或铝基片上，形成均匀薄层。待点样、展开后，与适宜的对照物按同法所得色谱图做对比，通过比较比移值(R_f)进行药品鉴别、杂质检查及含量测定。

TLC 是一种很重要的快速分离和定性分析少量物质的实验技术，也可用于跟踪反应进程。其操作方法为：将样品溶液用毛细管点在薄层板的一端，置于密闭槽中，加入适宜溶剂作为流动相。由于毛细管原理，溶剂被吸上来，沿板移动，并带动样品中各组分向上移动，这个过程称为展开。由于各组分性质不同，移动距离不同，展开一定距离后，即得互相分离的组分斑点。可用适当方法使各组分在板上显示其位置，如果组分本身有颜色，直接观察即可，否则可通过喷显色试剂或在紫外灯下观察荧光等办法确定。

郭孟璧等将经过前处理的汉麻样品在不同的薄层板（聚酰胺、硅胶 GF254、硅胶 HF254 和硅胶 H）上点样。选择硅胶（硅胶 GF254、硅胶 HF254 和硅胶 H）作为薄层层析材料时，以正己烷 - 乙醚、石油醚 - 乙酸乙酯和正己烷 - 丙酮为展开剂，低极性溶剂与高极性溶剂的体积比为 1∶5 ~ 10∶1；选择聚酰胺作为薄层层析材料时，以氯仿、二氯甲烷以及正己烷 - 甲醇（乙醇）、石油醚 - 甲醇（乙醇）、正己烷 - 乙酸乙酯为展开剂，当展开剂为两种有机溶剂混合时，混合溶剂的体积比为 1∶5 ~ 15∶1。展开高度为 5 ~ 7 cm，采用快蓝 B 盐或快蓝 BB 盐为显色剂。次仁曲宗等将处理的提取液与 CBD 标准品分别点于同一硅胶 G 薄层板上，以二氯甲烷 - 石油醚(1∶1,V/V)为展开剂，展开，晾干，以碘缸或 1% 香草醛乙醇 - 硫酸(10∶1,V/V)为显色剂，于 100 ℃烘箱中加热至斑点显色清晰。此方法简单方便，不需要分析仪器，可以作为汉麻中主要成分 CBD 的定性测定方法。

2.1.2.3　紫外 - 可见分光光度法

紫外 - 可见分光光度法简称 UV - Vis，是基于分子中价电子跃迁所产生的吸收光谱而进行分析的方法。紫外 - 可见分光光度计由光源、单色器、吸收池、检测器及信号显示系统 5 个部分组成。UV - Vis 具有灵敏度较高、准确度较好、仪器设备简单、操作方便及分析速度较快等特点，是有机物常用的定性和定量方法之一。UV - Vis 分析条件的选择包括检测波长的选择、溶剂的选择、参比溶液的选择、溶液吸光度的范围选择以及显色反应和显色条件的选择。

王齐等建立了银纳米紫外 - 可见分光光度法用于测定工业提取物中 CBD 的含量。具体步骤为:在比色管中依次加入 1 - 辛烷磺酸钠溶液、硝酸银溶液、氢氧化钠溶液和氨水溶液,混匀后再加入 CBD 溶液,定容混匀后,于水浴中反应。在紫外 - 可见分光光度计上,测定 435 nm 处的吸光度值,绘制工作曲线。测定样品吸光度值后,根据工作曲线与样品溶液制备方法,计算出提取物中 CBD 的含量。

2.1.2.4　高效液相色谱法

高效液相色谱法简称 HPLC(high performance liquid chromatography),是在经典液相色谱法的基础上,引入了气相色谱的理论和实验技术,以高压输送流动相,采用高效固定相及高灵敏度检测器,发展而成的现代液相色谱分离分析方法。HPLC 的特点是适用范围广、分离效率高、灵敏度高、分析速度快、自动化程度高及流动相选择范围宽。采用的定量方法包括内标法和外标法。高效液相色谱仪的基本组件包括高压输液系统(流动相储器、脱气装置、高压输液泵和梯度洗脱装置)、进样系统(六通阀进样装置和自动进样装置)、色谱分离系统(色谱柱和柱温箱)和检测系统(紫外检测器、蒸发光散射检测器、荧光检测器、安培检测器和质谱检测器)。质谱检测器作为一种新型的检测器与液相色谱联用(liquid chromatography - mass spectrometer, LC - MS),具有可以进行定性及结构分析的优势,目前应用较广泛。

LC - MS 中常用的电喷雾电离源和大气压化学电离为软电离源,谱图中只有准分子离子,碎片少,因而只能提供未知化合物的分子量信息,结构信息很少,很难用来做定性分析,更不能像气相色谱 - 质谱联用仪(GC - MS)那样用库检索定性。LC - MS 主要依靠标准品对照,只要样品与标准品的色谱保留时间相同,质谱图相同,即可定性,少数同分异构体除外。对于未知化合物,必须使用串联质谱仪(LC - MS/MS 和 LC - Q - TOF - MS/MS),将准分子离子通过碰撞活化变成子离子谱,然后由子离子来推测化合物的结构。LC - MS 定量分析与 HPLC 类似,采用外标法或内标法。但受色谱分离效果的限制,一个色谱峰可能包含几种不同的组分,给定量分析造成误差。因此,LC – MS 定量分析采用多离子监测色谱图。此方法特别适用于待测组分含量低、体系组分复杂且干扰严重的样品分析。

HPLC 最常采用反向 C18 柱进行大麻素类物质的分析,有时也会使用 C8 柱和苯基柱。流动相通常为乙腈、甲醇、含少量甲酸或乙酸的水,以及甲酸 – 乙酸盐缓冲液。近年来,以 HPLC 作为分离技术的分析方法已广泛应用于汉麻的分析中,如 HPLC – UV、HPLC – MS、高效液相色谱 – 蒸发光散射检测法(HPLC – ELSD)等。HPLC – UV 是比较传统的检测方法,其使用的二极管阵列检测器(DAD)是一种基于光电二极管阵列技术的新型检测器,也是 HPLC 应用最多的一款通用型检测器。DAD 具有灵敏度高、噪声低和线性范围宽等优点,可以对色谱峰进行光谱扫描和峰纯度鉴定等定性分析,但只能检测有紫外吸收的物质。

Hädener 等利用 HPLC – DAD 对甲醇 – 己烷汉麻提取物中的 CBD、THC 及它们的酸性前体进行了定量分析。HPLC – MS 除具有高分离能力外,还具有灵敏度高和可提供结构信息等优点,在很多领域都得到了广泛的应用。肖培云等分别采用 HPLC – UV、HPLC – ELSD 和气相色谱 – 氢火焰检测法(GC – FID)测定汉麻枝叶中 THC 和 CBD 的含量,并对 3 种方法进行了比较。结果显示,HPLC – UV 和 GC – FID 的测定结果较为接近,但后者采用内标法,操作繁琐。HPLC – ELSD 取样量大、灵敏度低、线性范围窄,而 HPLC – UV 灵敏度高、线性范围宽、回收率高。

除了检测器,色谱柱和流动相对检测结果也有很大影响。夏林波等采用液相色谱同时测定汉麻仁中 CBD、CBN 和 Δ^9 – THC 的含量。通过筛选不同色谱柱(Agilent XDB – C18、Agilent SB – C18、Agilent SB – C8、Shim – pack VP – ODS 和 Dikma Diamonsil – C18)以及不同流动相(乙腈 – 水、乙腈 – 0.1% 醋酸水、甲醇 – 水以及甲醇 – 0.1% 醋酸水),确定以 Agilent XDB – C18 为固定相、乙腈 – 水为流动相,所得色谱图分离度较好、基线平稳,检测时间较短。

对于天然存在的大麻素类物质的分析,质谱检测也逐渐开始使用。Aizpurua – Olaizola 等采用高效液相色谱 – 四极杆飞行时间 – 质谱法(HPLC – QTOF – MS)对微量大麻素类物质进行鉴定,阐明了室内和室外种植的大麻之间的差异。付信珍等采用高效液相色谱 – 三重四极杆 – 质谱法(HPLC – QQQ –

MS)灵敏检测大鼠血浆中 CBD 的含量。使用乙腈作为沉淀剂去除血浆中的蛋白质,采用 Waters ACQUITY HSS T3 色谱柱进行分离,以乙腈 – 乙酸铵为流动相,在电喷雾负离子模式下,采用多反应监测方式进行定性和定量分析。结果表明,CBD 在 2.5 ~ 1 500 ng/mL 范围内呈现良好的线性关系,定量限为 2.5 ng/mL,提取回收率为 96.1% ~ 100.1%。该方法快速、准确度高、灵敏度高、样品前处理简单,可为 CBD 的新剂型与新给药系统开发提供参考。

2.1.2.5 气相色谱法

气相色谱法简称 GC(gas chromatography),是以气体为流动相的色谱法,主要用于分析挥发性成分。气相色谱法的特点是灵敏度高、选择性好、分离效能高、分析速度快、试样用量少、应用范围广。采用的定量方法主要为内标法和外标法。气相色谱仪的基本组件包括气路系统(氢气、氮气和氦气)、进样系统(隔膜进样器、分流/不分流进样器和顶空进样器)、色谱柱及温控系统(色谱柱、柱箱和温度控制装置)、检测系统(热导检测器、氢火焰离子检测器、电子捕获检测器和质谱检测器)。将气相色谱与质谱结合起来形成气相色谱 – 质谱(GC – MS)联用仪,它是利用气相色谱对混合物的高效分离能力和质谱对纯物质的准确鉴定能力而开发的,也是较早实现联用的分析仪器。目前,GC – MS 已成为分析复杂成分最为有效的手段之一。

GC – MS 联用仪是由气相色谱、质谱、接口和计算机四大部分组成。GC – MS 分析需要选择合适的气相条件和质谱条件,这样才能使各组分得到较好的分离和鉴定。色谱条件包括色谱柱类型、汽化温度、进样口温度、柱温、载气流量、分流比和进样量等;质谱条件包括离子源类型、电离电压、扫描速度、质量范围和离子源温度等。某些受沸点限制的物质,可衍生化后再做 GC – MS 分析。

GC 分析需要衍生化步骤,以检测不耐热的酸性大麻酚类,然而当前所采用的衍生化方法反应条件苛刻、反应速度较慢。Ibrahim 等通过衍生化法采用 GC – FID 定性和定量分析了汉麻提取物中酸性和中性大麻素类物质,包括四氢次大麻酚(THCV)、CBD 和 Δ^9 – THC、CBDA 和 Δ^9 – THCA。GC – MS 是目前定性未知化合物最有效的工具之一,现已用于大麻素类物质的分析。在 GC – MS 中,电子轰击源质谱(EI – MS)是分析大麻素类物质最常用的方法,此外,化学电离质谱(CI – MS)也常用于大麻素类物质的分析。Omar 等建立了一种使用乙醇和超临界二氧化碳作为共溶剂从汉麻中提取大麻素类物质的方法,并基于 GC－MS 对 3 种主要大麻素类物质(Δ^9－THC、CBN 和 CBD)进行了鉴定和定量分析。高哲等通过 GC－MS 以 Agilent HP －5 毛细管柱为固定相,采用电子轰击(EI)离子源对汉麻叶提取物中的 CBD 含量进行了测定。

2.1.2.6 红外光谱法

红外光谱法简称 IR(Infrared absorption spectroscopy),是根据化合物的红外吸收光谱进行定性、定量和结构分析的方法。红外光谱法具有扫描速度极快、分辨率高、灵敏度高、测定光谱范围广、测量精密度高及重现性好等特点。红外光谱仪主要由光源、单色器、检测器、吸收池及计算机处理系统组成。利用 IR 对汉麻中的大麻素类物质进行定性和定量分析的研究很少,Dorado 等利用 IR 检测了汉麻在微生物转化过程中木质素、碳水化合物及蛋白质浓度的变化。

2.1.2.7 核磁共振波谱法

核磁共振波谱简称 NMR(nuclear magnetic resonance spectrum),是由具有磁矩的原子核在一定强度磁场作用下,吸收射频辐射,引起核自旋能级跃迁所产生的波谱。按照扫描方式的不同,核磁共振波谱仪分为连续波核磁共振波谱仪和脉冲傅里叶变换核磁共振波谱仪。Hazekamp 等利用 ^{1}H－NMR 方法对 5 种大麻素(CBD、CBDA、Δ^9－THC、Δ^9－THCA 和 CBN) 进行定量分析。具体实验步骤为:将样品用甲醇－氯仿(9:1,V/V)超声提取 10 min,每个样品重复提取 2 次,合并提取液,放入 4 ℃冰箱,再用萃取溶剂稀释到固定浓度,取 0.5 mL 提取液与 1.0 mg 的蒽混合作为内标,浓缩,并重新溶于 1 mL 的 $CDCl_3$ 中,进行 ^{1}H－NMR分析。此方法快速、简单,但是需要昂贵的设备及高专业化人员,所以并没有普遍应用。

2.1.2.8 免疫检测法

免疫检测法灵敏度高、选择性强、操作简便,是毒品检测的又一新的发展方向。它通过毒品或毒品代谢物的抗体来检测尿液中的抗原(毒品或毒品代谢物),从而判断其中是否含有毒品。近年来,免疫检测法发展较快,主要有放射免疫测定(RIA)、酶联免疫测定(EMTT)、荧光免疫测定(FIA)、游离基测定

（FRAT）和凝集抑制实验（AIT）等。此法主要是对生物样品进行大麻素类物质的检测。生物样品包括各种体液或组织，平常最常用的也是比较容易得到的包括血液（血浆、血清和全血）、尿液和唾液。范春雷等公开了一种基于细胞多巴胺释放效应的大麻素类物质的检测方法及其检测试剂盒的发明专利。由于人体食用大麻素类物质后，多巴胺会成比例地增长，通过对人体毛发、血液和体液等生物样品进行检测，可以实现对所有大麻素类物质精确、高灵敏度的快速检测。

2.1.2.9 DNA 检测技术

针对法庭科学中常见的毒品原植物大麻标本的特点，初步建立了适用于实际办案的快速、准确、经济、方便的大麻植物基因组 DNA 的提取及扩增检测方法，通过 DNA 分析技术检测遗传多态性，并能有效地鉴别、鉴定毒品原植物大麻。目前，利用 DNA 分析技术来检测毒品原植物的特性并鉴定不同产地的毒品原植物逐渐成为禁毒工作中的一项重要内容，为推断毒品的来源开辟了一条新的技术途径。这个新技术的开展将会推动法庭科学对毒物毒品的深入研究，对于禁止毒品流行、禁种禁吸以及基层办案和毒品检验工作都具有一定的实际意义和应用价值。

2.2 汉麻有效成分分析方法建立

2.2.1 研究内容及技术路线

2.2.1.1 研究内容

以 Δ^9 – THC（简称 THC）含量低于 0.3% 的汉麻叶为原料，加热脱羧后采用超声提取技术提取原料中的大麻素类物质，利用 HPLC 建立提取液的定性和定量分析方法，通过回收率、精密度、检测限、定量限、线性及范围对方法进行验证。

（1）前处理工艺研究

以阴干汉麻叶为原料，在不同加热时间和不同加热温度下研究 CBD 和

THC 的脱羧过程,利用超声技术分别对溶剂、粒度、时间、频率和提取次数进行考察。

(2)液相色谱条件的筛选

利用 HPLC 分别考察波长、流动相、柱温及流速,建立汉麻中大麻素类物质的分析方法。

(3)方法评价

通过回收率、精密度、检测限、定量限、线性及范围对方法进行评价。

2.2.1.2　技术路线

实验技术路线如图 2－1 所示。

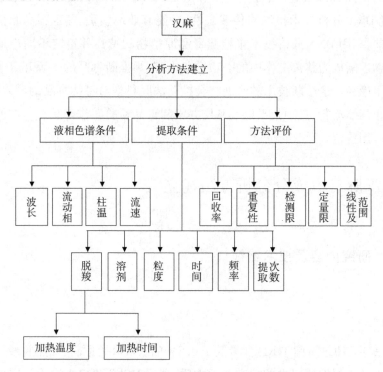

图 2－1　汉麻有效成分分析方法建立的技术路线图

2.2.2　仪器、试剂与材料

实验中用到的主要仪器和设备如表 2－1 所示。

表 2-1　主要仪器和设备

仪器和设备	型号
粉碎机	DFT-50A
烘箱	GFL-45
电子分析天平	BSA224S
台式低速离心机	TD4
旋转蒸发仪	RE-3000A
超声波清洗器	KQ-300VDE
紫外分光光度计	UV-2700
液相色谱仪	LC-20A

实验中用到的主要试剂和药品如表 2-2 所示。

表 2-2　主要试剂和药品

试剂和药品	规格
甲醇	色谱级
乙腈	色谱级
纯水	一级
甲酸	分析纯
磷酸	分析纯
异丙醇	色谱级
乙醇	化学纯
氯仿	化学纯
乙酸乙酯	化学纯
石油醚	化学纯

实验中用到的标准品有 CBD、THC 和 CBN,如表 2-3 所示。

表 2-3　标准品

标准品	规格
CBD	浓度为 1 mg/mL,体积为 1 mL
THC	浓度为 1 mg/mL,体积为 1 mL
CBN	浓度为 1 mg/mL,体积为 1 mL

为了便于后续的提取分析工作,将 3 种大麻素的基本信息列于表 2 – 4。

表 2 – 4　3 种大麻素的基本信息

英文缩写	英文全名	中文译名	CAS#	分子式
CBD	Cannabidiol	大麻二酚	13956 – 29 – 1	$C_{21}H_{30}O_2$
THC	Tetrahydrocannabinol	四氢大麻酚	1972 – 08 – 3	$C_{21}H_{30}O_2$
CBN	Cannabinol	大麻酚	521 – 35 – 7	$C_{21}H_{26}O_2$

2.2.3　实验方法

2.2.3.1　汉麻的前处理工艺研究

将汉麻样品阴干,通过单因素实验分别考察原料粒度(粉碎和不粉碎)、溶剂(甲醇、乙腈和乙醇)、加热脱羧温度(20 ℃、40 ℃、60 ℃、80 ℃、100 ℃、120 ℃、140 ℃、160 ℃、180 ℃和200 ℃)、加热脱羧时间(0 min、5 min、10 min、15 min、20 min、25 min、30 min、35 min、40 min、45 min、50 min、55 min 和 60 min)、超声时间(10 min、20 min、30 min、40 min、50 min 和 60 min)、料液比(1∶10 g/mL、1∶20 g/mL、1∶30 g/mL、1∶40 g/mL 和 1∶50 g/mL)、超声波频率(45 kHz、80 kHz 和100 kHz)、超声功率(120 W、150 W、180 W、210 W、240 W、270 W 和 300 W)及提取次数(1 次、2 次、3 次、4 次和 5 次)对汉麻叶中大麻素类物质提取含量的影响。

2.2.3.2　大麻素含量分析方法的建立

(1)混合标准溶液的制备

精密称量各标准品溶液适量,用甲醇定容于 50 mL 棕色容量瓶,制得浓度为 20 μg/mL 的大麻素混合标准溶液。

(2)液相色谱条件的建立

分别考察波长、流动相(甲醇 – 水、乙腈 – 水和乙腈 – 0.1% 磷酸水)、流速(0.8 mL/min、1.0 mL/min 和 1.2 mL/min)及柱温(30 ℃、35 ℃和40 ℃)对液相色谱图的影响。

2.2.3.3　大麻素含量分析方法的评价

建立的分析方法需要验证,目的是证明采用的方法满足相应的检测要求。验证内容包括回收率、精密度、检测限、定量限、线性及范围。

(1)回收率

称取一定量汉麻样品,分别加入高、中、低 3 个浓度(120%、100% 和 80%)的标准品(CBD、THC 和 CBN),每个浓度测定 3 次,按式(2-1)计算回收率。

$$回收率(\%) = \frac{测定平均值 - 空白值}{加入量} \times 100\% \qquad (2-1)$$

(2)精密度

取等量 20 μg/mL 的大麻素混合标准溶液各 1 份,分别进样 2.5 μL、5 μL和 10 μL,每个样品重复测定 3 次,按式(2-2)计算峰面积的相对标准偏差(RSD)。

$$RSD = \frac{标准偏差}{平均值} \times 100\% \qquad (2-2)$$

(3)检测限及定量限

检测限是指样品中被测物能被检测出的最低浓度或量,定量限是指样品中被测物能被定量测量的最低量。检测限和定量限一般用 S/N 表示,S 和 N 分别是信号平均功率和噪声平均功率,S/N 是信号平均功率与噪声平均功率的比值。$S/N = 3$ 为检测限,$S/N = 10$ 为定量限。

(4)线性及范围

将 20 μg/mL 的大麻素混合标准溶液依次稀释为 10 μg/mL、5 μg/mL、2.5 μg/mL、1.25 μg/mL、0.625 μg/mL 和 0.312 5 μg/mL 的系列标准溶液。每个浓度混合标样分别进样 10 μL,每个样品重复测定 2 次,用浓度 C 对峰面积的响应值之比进行回归处理,建立回归方程,得出相关系数 r 值。

范围是指达到一定精密度、准确度和线性的条件下,测试方法适用的高低限区间,为测试浓度的 80% ~ 120%。

2.2.3.4　数据统计与分析

所有实验数据用"平均数±标准差"表示,用 Origin 9.1 及 SPSS 20.0 软件进行处理。

2.2.4　结果与讨论

2.2.4.1　汉麻的前处理工艺优化

(1)粒度的优化

分别将粉碎及未粉碎原料进行提取实验,结果如图 2-2 所示。实验结果表明,原料粒度对大麻素类物质(CBD、THC 和 CBN)的提取效果有明显的影响,将原料粉碎为细小颗粒可以提高其提取含量。

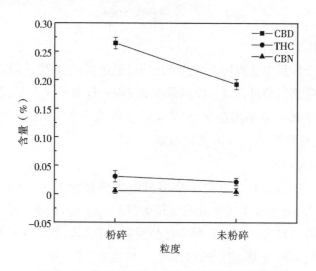

图 2-2　粒度对汉麻中有效成分提取含量的影响

(2)溶剂的优化

在料液比为 1:40(g/mL)、提取次数 1 次、提取时间 30 min 的条件下,考察不同溶剂对大麻素类物质提取含量的影响,结果如图 2-3 所示。结果发现,乙腈和乙醇的提取效果略低于甲醇,综合考虑色谱基线、试剂毒性、试剂成本、总提取含量和环境保护等因素,选择甲醇作为大麻素类物质提取的最佳溶剂。

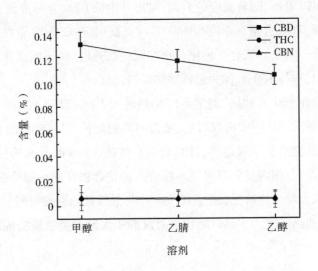

图 2 - 3　溶剂对汉麻中有效成分提取含量的影响

（3）加热脱羧条件的优化

由于汉麻中酸性前体物质通过加热脱羧可以转化为中性物质，将汉麻叶在不同温度下加热 10 min，测定其中 CBD、THC 和 CBN 的含量，结果如图 2 - 4 所示。

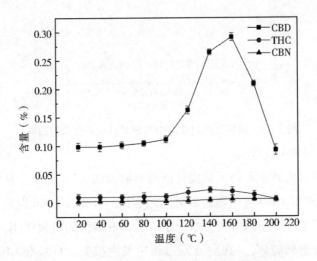

图 2 - 4　加热温度对汉麻中有效成分提取含量的影响

从图中可以看出,随着温度的升高,汉麻叶中的 CBD 含量逐渐升高,160 ℃之后显著下降;THC 含量在温度为 140 ℃时升高明显;CBN 含量在整个加热温度范围内变化不明显。综合 3 种化合物在同一加热时间、不同加热温度的提取含量变化情况,选择 160 ℃作为最佳加热脱羧温度。

将汉麻叶在 160 ℃加热,测定不同加热时间 CBD、THC 和 CBN 的含量,结果如图 2 – 5 所示。从图中可以看出,随着时间的延长,汉麻叶中的 CBD 含量逐渐升高,10 min 之后呈下降趋势;THC 含量在加热 5 min 时升高明显;CBN 含量在整个加热时间范围内变化不明显。综合 3 种化合物在同一加热温度、不同加热时间的提取含量变化情况,选择 10 min 作为最佳加热脱羧时间。加热脱羧实验结果表明,加热温度和加热时间均会对汉麻中大麻素类物质的提取含量产生一定影响。

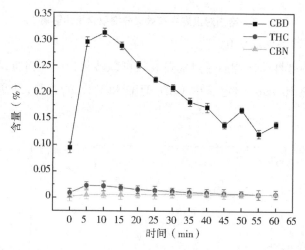

图 2 – 5　加热时间对汉麻中有效成分提取含量的影响

（4）超声时间的优化

超声时间对大麻素类物质提取含量的影响如图 2 – 6 所示。从图中可以看出,在提取的初期,CBD 含量随超声时间的延长而升高,20 min 以后提取含量下降并逐渐趋于平缓。原因可能是由于超声波具有较强的机械作用,长时间作用会使有效成分遭到破坏,并在后处理过程中发生损失。THC 和 CBN 的提取含量变化不显著。综合 3 种化合物提取含量的变化情况,超声时间适宜选择在 20 min。

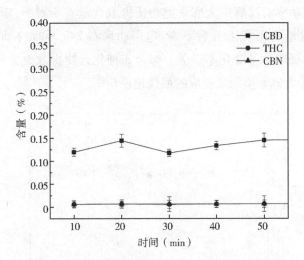

图 2 - 6 超声时间对汉麻中有效成分提取含量的影响

（5）料液比的优化

料液比对大麻素类物质提取含量的影响如图 2 - 7 所示。实验结果表明，料液比为 1:40 时，提取含量最佳，其次为 1:20，过大和过小都影响提取含量。为了减少溶剂的浪费，选择 1:20 作为大麻素类物质提取的最佳料液比。

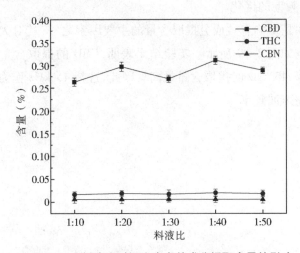

图 2 - 7 料液比对汉麻中有效成分提取含量的影响

（6）超声功率的优化

超声功率对大麻素类物质提取含量的影响如图 2 - 8 所示。超声波产生的强烈振动、强烈空化效应以及高速搅拌作用可以加快汉麻叶中有效成分进入溶剂,不同的超声功率对汉麻中大麻素类物质提取含量有所影响,随着超声功率的增大,CBD 提取含量先上升后下降,超声功率在 240 W时,提取含量最大。THC 和 CBN 的提取含量变化不显著。综合 3 种化合物提取含量的变化情况,选择 240 W作为大麻素类物质提取的最佳超声功率。

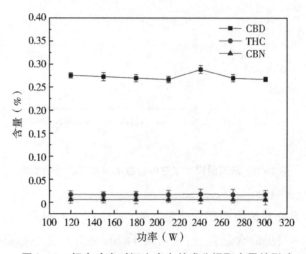

图 2-8　超声功率对汉麻中有效成分提取含量的影响

(7)超声波频率的优化

超声波频率是影响有效成分提取含量的主要因素之一,其对大麻素类物质提取含量的影响如图 2-9 所示。实验结果表明,CBD 的提取含量随超声波频率的增加而下降,45 kHz 时提取含量最高。因此,选择 45 kHz 作为大麻素类物质提取的最佳超声波频率。

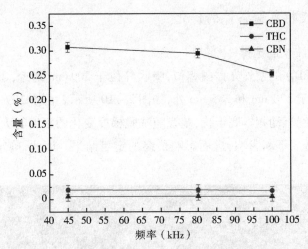

图 2 - 9　超声波频率对汉麻中有效成分提取含量的影响

（8）提取次数的优化

提取次数对大麻素类物质提取含量的影响如表 2 - 5 所示。由表可知,第 1 次提取时,CBD、THC 和 CNB 的提取含量分别为 0.29%、0.018‰和 0.062‰;第 2 次提取时,CBD 的提取含量为 0.079‰,其他成分未检出;第 3、4、5 次提取时,3 种有效成分均未检出。汉麻中主要成分为 CBD、THC 和 CBN,其中 CBD 含量最高。结果表明,第 1 次提取的 CBD 含量占 CBD 总含量的 97.37%,为了节约提取时间和提取成本,同时考虑实验的便捷性,选择 1 次作为大麻素类物质提取的最佳次数。

表 2 - 5　提取次数对汉麻中有效成分提取含量的影响

提取次数	有效成分		
	CBD	THC	CBN
1	0.29%	0.018‰	0.062‰
2	0.079‰	—	—
3	—	—	—
4	—	—	—
5	—	—	—

2.2.4.2 液相色谱条件的优化

（1）检测波长的选择

THC 与 CBD 的紫外光谱图相似,吸收峰位于 209 nm 附近,CBN 有 2 个吸收峰,分别位于 220 nm 和 285 nm 处,如图 2 - 10 所示。由于 209 nm 处于吸收末端,容易受到流动相本底干扰,基线随洗脱梯度变化的幅度越大,越可能对峰形和峰面积造成不利影响,进而影响最终的定量结果。因此,确定检测波长为220 nm。

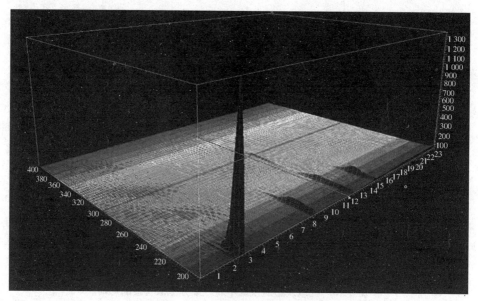

图 2 - 10   3 种标准品的紫外光谱图

（2）流动相的选择

①有机相的选择

分别以甲醇和乙腈作为有机相,用不同浓度的有机相进行等度洗脱,结果如图 2 - 11 所示。由图可知,以 60% 有机相进行等度洗脱时不出峰,80% 和100% 有机相均出峰,且各物质之间的分离度均大于 2。同时,100% 有机相出峰时间较 80% 有机相早,由于实际样品受基质影响较大,100% 有机相可能对样品的分离有一定影响。甲醇和乙腈的分离机理不同（前者是质子型溶剂,后者是非质子型溶剂）,对于相同物质的选择性不同,当有机相从甲醇换成乙腈后,峰位出现变化,保留时间整体前移。因此,选择 80% 乙腈作为有机相。

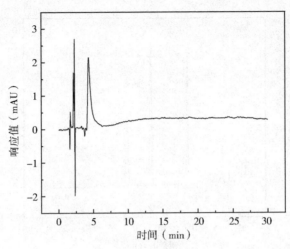

（a）有机相为 60% 甲醇的 HPLC 图

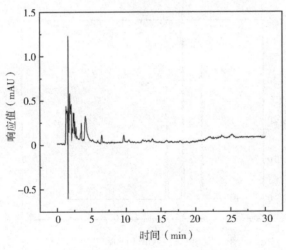

（b）有机相为 60% 乙腈的 HPLC 图

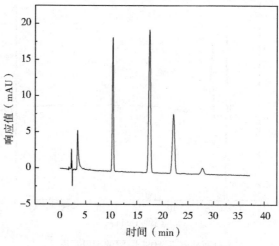

（c）有机相为 80% 甲醇的 HPLC 图

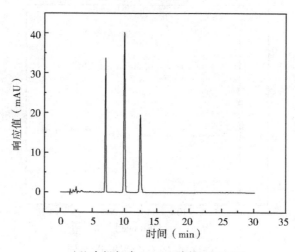

（d）有机相为 80% 乙腈的 HPLC 图

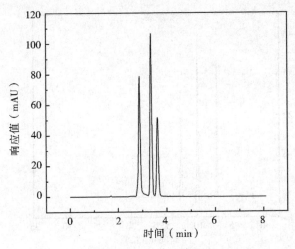

（e）有机相为 100% 甲醇的 HPLC 图

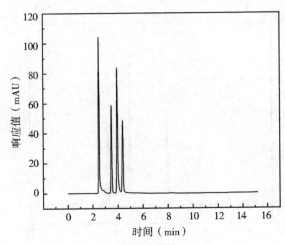

（f）有机相为 100% 乙腈的 HPLC 图

图 2 - 11　不同有机相的 HPLC 图

②水相的选择

对于水相,将高纯水与 0.1% 磷酸水溶液进行对比,如图 2 - 12 所示。实验结果显示,0.1% 磷酸水溶液与高纯水相比,目标物保留时间整体后移。考虑到分析的便捷性,选择高纯水作为流动相中的水相。

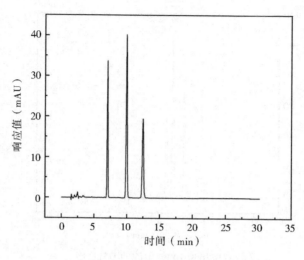

(a)水相为高纯水的 HPLC 图

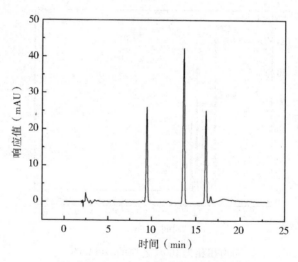

(b)水相为 0.1% 磷酸水溶液的 HPLC 图

图 2-12 不同水相的 HPLC 图

③有机相初始浓度与梯度陡度的选择

利用单因素实验考察了有机相浓度在 60%～100% 范围内的等度洗脱对 3 种大麻素类物质色谱行为的影响。随着有机相初始浓度的升高,色谱响应升高,理论塔板数和目标物之间的分离度降低。当初始梯度大于 80% 时,基质中目标峰与杂峰没有很好的分离度。其他参数不变,梯度陡度在 0.1%/min～

1.0%/min 范围内(以 0.1%/min 为间距)增加时,3 种大麻素的色谱响应和理论塔板数升高,目标峰之间的分离度降低。

根据上述结果,将有机相浓度和梯度陡度交叉组合后进行考察。挑选出所有分离度符合条件的有机相初始浓度和梯度陡度的参数组合后,按峰高最大值进行归一化分析。当有机相初始浓度为 78%、梯度陡度为 1.47%/min 时,所有目标物可以完全分离,并获得较高的色谱响应。因此,选择 78% 作为有机相初始浓度,1.47%/min 作为梯度陡度。

(3)流速的选择

分别在 0.8 mL/min、1.0 mL/min 和 1.2 mL/min 流速下进行单因素实验。3 种流速对于分离度无较大影响,且分离度均大于 2。考虑到流速增加将导致色谱响应和理论塔板数降低,流速降低又会使保留时间后移,因此,选择最佳流速为 1.0 mL/min。

(4)柱温的选择

在有机相初始浓度为 78%、梯度陡度为 1.47%/min 及流速为 1.0 mL/min 条件下,分别对 30 ℃、35 ℃ 及 40 ℃ 柱温进行考察。随着柱温的升高,3 种大麻素类物质的理论塔板数和保留时间降低,峰高无较大变化,分离度增加。由于提取样品基质的复杂性,为保证样品具有大的分离度,选择 40 ℃ 为最佳柱温。

2.2.4.3 方法评价

(1)回收率

精密称取已知含量的样品 9 份,分别加入已知含量为 120%、100% 和 80% 的标准品,每个浓度重复测定 3 次,计算回收率,结果如表 2-6 至表 2-8 所示。实验结果表明,3 种大麻素的加标回收率分别为 94.25%、93.64% 和 93.67%,RSD 分别为 1.6%、1.2% 和 1.8%。

表2-6   CBD 回收率实验结果 ($n = 9$)

编号	加入量(mg)	实测量(mg)	回收率(%)	平均回收率(%)	RSD(%)
1	1.38	1.29	93.48		
2	1.38	1.31	94.93		
3	1.38	1.27	92.03		
4	1.15	1.08	93.91		
5	1.15	1.11	96.52	94.25	1.6
6	1.15	1.09	94.78		
7	0.92	0.85	92.39		
8	0.92	0.86	93.48		
9	0.92	0.89	96.74		

表2-7   THC 回收率实验结果 ($n = 9$)

编号	加入量(mg)	实测量(mg)	回收率(%)	平均回收率(%)	RSD(%)
1	0.12	0.112	93.33		
2	0.12	0.111	92.50		
3	0.12	0.110	91.67		
4	0.10	0.095	95.00		
5	0.10	0.095	95.00	93.64	1.2
6	0.10	0.094	94.00		
7	0.08	0.075	93.75		
8	0.08	0.076	95.00		
9	0.08	0.074	92.50		

表 2 - 8 CBN 回收率实验结果($n = 9$)

编号	加入量(mg)	实测量(mg)	回收率(%)	平均回收率(%)	RSD(%)
1	0.036	0.034	94.44		
2	0.036	0.036	91.67		
3	0.036	0.034	94.44		
4	0.030	0.028	93.33		
5	0.030	0.028	93.33	93.67	1.8
6	0.030	0.029	96.67		
7	0.024	0.022	91.67		
8	0.024	0.023	95.83		
9	0.024	0.022	91.67		

(2)精密度

取 20 μg/mL 的大麻素混合标准溶液,分别进样 2.5 μL、5 μL 和 10 μL,每个样品重复测定 3 次,根据 CBD、THC 和 CBN 的峰面积计算 RSD,结果如表 2 - 9 所示。实验结果表明,此方法精密度良好。

表 2 - 9 3 种大麻素不同进样量的精密度

进样量(μL)	CBD	THC	CBN
2.5	0.23%	0.18%	0.14%
5.0	0.18%	0.44%	0.14%
10.0	0.08%	0.41%	0.05%

(3)检测限及定量限

以 S/N 为 3 确定检测限,以 S/N 为 10 确定定量限。3 种大麻素的检测限和定量限结果如表 2 - 10 所示。

表 2 - 10 3 种大麻素的检测限及定量限

组别	检测限(μg/mL)	定量限(μg/mL)
CBD	0.05	0.25
THC	0.25	0.67
CBN	0.038	0.17

（4）线性及范围

以质量浓度为横坐标（x，μg/mL）、峰面积为纵坐标（y）进行线性回归。结果显示，3 种大麻素成分在 0.312 5 μg/mL ~20 μg/mL 范围内线性关系良好，相关系数 r 均为 0.999 9。分别得 CBD 标准曲线回归方程：$y = 41.146x$，THC 标准曲线回归方程：$y = 42.532x$，CBN 标准曲线回归方程：$y = 72.981x$。CBD、THC 和 CBN 的线性方程如表 2 - 11 所示，标准曲线分别如图 2 - 13 至图 2 - 15 所示。

表 2 - 11　3 种大麻素的线性及范围

组别	线性方程	r 值	范围（μg/mL）
CBD	$y = 41.146x$	0.999 9	0.312 5 ~20
THC	$y = 42.532x$	0.999 9	0.312 5 ~20
CBN	$y = 72.981x$	0.999 9	0.312 5 ~20

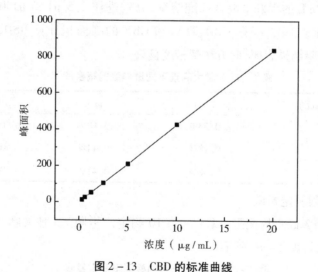

图 2 - 13　CBD 的标准曲线

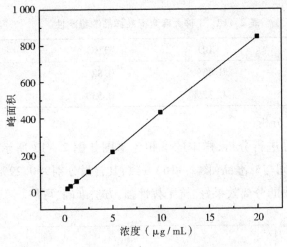

图 2 - 14　THC 的标准曲线

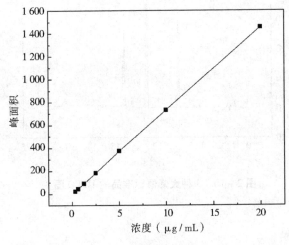

图 2 - 15　CBN 的标准曲线

(5)标准样品的稳定性

取等量 20 μg/mL 的大麻素混合标准溶液 9 份,其中 6 份于室温下分别放置 3 h、6 h、12 h、24 h、48 h 和 96 h,分别进样 5 μL,3 种大麻素峰面积的 RSD 分别为 0.83%、0.82% 和 0.93%;3 份于 - 20 ℃ 和室温下反复冻融 3 次,3 种大麻素峰面积的 RSD 分别为 0.32%、0.53% 和 0.36%(表 2 - 12)。上述 3 种大麻素在室温放置 96 h 以及在室温和 - 20 ℃ 反复冻融 3 次的条件下均可保持稳定。

表 2 – 12　3 种大麻素标准样品的稳定性

条件	CBD	THC	CBN
室温	0.83%	0.82%	0.93%
反复冻融	0.32%	0.53%	0.36%

（6）实际样品分析

对汉麻叶样品进行分析,样本的液相色谱图如图 2 – 17 所示。CBD、THC 和 CBN 的出峰时间与标准品（图 2 – 16）一致,其含量分别为 0.29%、0.018‰和 0.062‰,各目标物的分离效果好、抗干扰性强,方法准确、可靠。

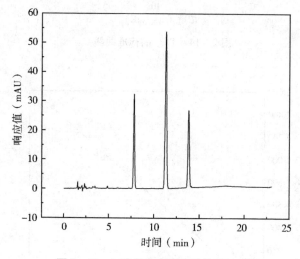

图 2 – 16　3 种大麻素标准品的 HPLC 图

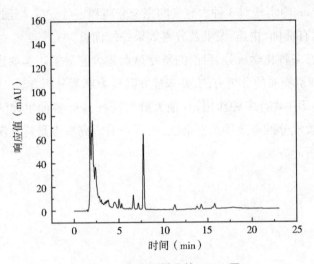

图 2 - 17　实际样品的 HPLC 图

2.3　汉麻有效成分分析方法总结与展望

本章以汉麻叶为原料,采用超声辅助提取技术,以单因素实验分别考察了原料粒度、溶剂种类、加热脱羧温度、加热脱羧时间、超声时间、料液比、超声波频率、超声功率及提取次数对汉麻叶中大麻素类物质含量的影响。利用 HPLC 分别考察了波长、流动相、柱温及流速,建立了汉麻中大麻素类物质的分析方法。通过回收率、精密度、检测限、定量限、线性及范围对方法进行评价。主要结果如下:

(1)前处理工艺:原料阴干,粉碎,160 ℃加热 10 min,以甲醇为溶剂,固液比为 1∶20,超声波频率为 45 kHz,超声功率为 240 W,提取 20 min,提取 1 次。

(2)分析方法:波长为 220 nm,流动相为乙腈 - 水,流速为 1.0 mL/min,柱温为 40 ℃。

(3)方法评价:3 种大麻素的加标回收率分别为 94.25%、93.64% 和 93.67%,RSD 分别为 1.6%、1.2% 和 1.8%;精密度在 0.05% ~ 0.44% 之间;检测限分别为 0.05、0.25 和 0.038;定量限分别为 0.25、0.67 和 0.17,线性关系良好。

通过实验研究建立了 HPLC 同时测定汉麻中 3 种主要大麻素含量的分析方

法,可在 23 min 内实现对 3 种大麻素的完全分离和定量分析。经过实际样本验证,本方法具有准确、快速、灵敏及分离效果好的优点。

汉麻具有多种化学成分,目前的研究热点是大麻素类。本章建立了汉麻中 3 种主要大麻素物质的分析方法,并未建立其他大麻素分析方法。研究表明,不仅汉麻中的 CBD 具有多种作用,其他大麻素同样具有多种生物活性。为了保证汉麻中有效成分的有效性及安全性,接下来的研究重点是建立汉麻中多种大麻素同时分析的方法。

参考文献

[1] FARAG S, KAYSER O. Cultivation and breeding of *Cannabis sativa* L. for preparation of standardized extracts for medicinal purposes[M]. Berlin: Springer Netherlands, 2015.

[2] LUPU M N, MIULESCU M, SANDU M N, et al. Cannabinoids: chemical structure, mechanisms of action, toxicity and implications in everyday life[J]. Revista de Chimie Bucharest Original Edition, 2019, 70(2): 627-629.

[3] 陈国峰, 尤宏梅, 王贵江, 等. 高效液相色谱法同时测定工业大麻中四种大麻素的方法研究[J]. 黑龙江农业科学, 2021(11): 60-64.

[4] 姚德坤, 万莉, 姚德利, 等. 从工业大麻中提取大麻二酚(CBD)的新方法: CN110156567A[P]. 2019-08-23.

[5] 傅强, 舒智, 邓轲, 等. 反相 HPLC 法同时测定大麻植物中的三种有效成分[J]. 法医学杂志, 2016, 32(4): 261-263.

[6] 高宝昌, 田媛, 石雨, 等. 微波辐射和物理加热对大麻素酸脱羧反应影响对比分析[J]. 分析试验室, 2021, 40(9): 1049-1052.

[7] 孙孔春, 陈兴龙, 杨璨瑜, 等. 不同条件下工业大麻中大麻二酚含量变化[J]. 昆明医科大学学报, 2020, 41(5): 23-28.

[8] 牟赵杰, 贾玉玺, 岳旺, 等. 工业大麻中大麻二酚的后脱羧协同超临界萃取[J]. 当代化工, 2021, 50(11): 2596-2599.

[9] 扶雅芬. 工业大麻叶提取物的抑菌活性及其作用机理[D]. 长沙: 中国农业科学院, 2021.

[10] 王昆华, 徐玉, 高运辉, 等. 一种大麻二酚的提取分离方法:

CN108314608B[P]. 2020 – 11 – 03.

[11] 王丹，赵明，时志春，等. 不同品种工业大麻中大麻二酚含量分析[J]. 齐齐哈尔大学学报(自然科学版)，2019，35(4)：49 – 51，54.

[12] 郭孟璧，郭鸿彦，许艳萍，等. 工业大麻酚类化合物 HPLC 分析前处理工艺的研究[J]. 中国麻业科学，2009，31(3)：182 – 185.

[13] 栾云鹏，郑双庆，李志朋，等. 一种提取大麻二酚的方法：CN110078595A[P]. 2019 – 08 – 02.

[14] 王钲霖，刘胜贵，李智高，等. 一种利用微生物处理大麻花叶提高大麻二酚提取率的工艺：CN110041172A[P]. 2019 – 07 – 23.

[15] 张赪，高月静，任超鑫，等. 从低含量工业大麻花叶中提取分离高纯度大麻二酚的方法：CN111470953A[P]. 2020 – 07 – 31.

[16] 夏林波，郭莹，邓仕任. 硅胶柱层析 – RP – HPLC 法同时测定火麻仁中 3 种大麻酚类化合物的含量[J]. 中国药房，2011，22(27)：2557 – 2560.

[17] 李少华，申书昌，戴建华. 正相固相萃取柱的制备及汉麻中 CBD、CBN 和 THC 的测定[J]. 齐齐哈尔大学学报(自然科学版)，2020，36(6)：13 – 17.

[18] 李琳婧，肖丰坤，雷鹏，等. 大麻二酚晶体的制备方法：CN111960926A[P]. 2020 – 11 – 20.

[19] 王占良，张建丽，张亦农. 气相色谱 – 质谱法同时分析运动营养品中的大麻酚、大麻二酚和 Δ^9 – 四氢大麻酚[J]. 中国运动医学杂志，2015，34(4)：398 – 403.

[20] 郭孟璧，郭鸿彦，杨明，等. 一种半定量快速检测大麻植物中 Δ^9 – THC 含量的方法：CN102175813B[P]. 2013 – 08 – 21.

[21] 次仁曲宗，罗禹，屈晓宇，等. 黑龙江汉麻叶中化学成分研究与大麻二酚 (CBD)含量测定[J]. 四川大学学报(自然科学版)，2019，56(5)：957 – 962.

[22] 王齐，李晓蕾，杨俊，等. 基于银纳米紫外可见分光光度法测定工业提取大麻二酚含量的方法：CN108414460A[P]. 2018 – 08 – 17.

[23] HÄDENER M, KÖNIG S, WEINMANN W. Quantitative determination of

CBD and THC and their acid precursors in confiscated cannabis samples by HPLC – DAD[J]. Forensic Science International, 2019, 299: 142 –150.

[24] 肖培云, 孔德云, 刘光明, 等. 工业大麻研究. Ⅲ. 不同生长期汉麻中四氢大麻酚和大麻二酚含量的测定方法比较[J]. 中国医药工业杂志, 2008, 39(4): 281 –284.

[25] ZIVOVINOVIC S, ALDER R, ALLENSPACH M D, et al. Determination of cannabinoids in *Cannabis sativa* L. samples for recreational, medical, and forensic purposes by reversed – phase liquid chromatography – ultraviolet detection[J]. Journal of Analytical Science and Technology, 2018, 9(27): 145 –156.

[26] AIZPURUA – OLAIZOLA O, OMAR J, NAVARRO P, et al. Identification and quantification of cannabinoids in *Cannabis sativa* L. plants by high performance liquid chromatography – mass spectrometry [J]. Analytical and Bioanalytical Chemistry, 2014, 406(29): 7549 –7560.

[27] 付信珍, 谢则平, 李志, 等. 大鼠血浆中大麻二酚超高效液相色谱 – 三重四极杆质谱法检测及代谢动力学研究[J]. 药物分析杂志, 2021, 41(9): 1513 –1518.

[28] IBRAHIM E A, GUL W, GUL S W, et al. Determination of acid and neutral cannabinoids in extracts of differtent strains of *Cannabis sativa* using GC – FID [J]. Planta Medica, 2018, 84(4): 250 –259.

[29] OMAR J, OLIVARES M, ALZAGA M, et al. Optimisation and characterisation of marihuana extracts obtained by supercritical fluid extraction and focused ultrasound extraction and retention time locking GC – MS [J]. Journal of Separation Science, 2013, 36(8): 1397 –1404.

[30] 高哲, 张志军, 李晓君, 等. 火麻叶中大麻二酚的热回流法提取工艺研究[J]. 中国油脂, 2019, 44(3): 107 –111.

[31] DORADO J, ALMENDROS G, FIELD J A, et al. Infrared spectroscopy analysis of hemp (*Cannabis sativa*) after selective delignification by *Bjerkandera* sp. at different nitrogen levels[J]. Enzyme Microbial Technology, 2001, 28

(6): 550 –559.

[32] HAZEKAMP A, CHOI Y H, VERPOORTE R. Quantitative analysis of cannabinoids from *Cannabis sativa* using ^{1}H – NMR[J]. Chemical and Pharmaceutical Bulletin, 2004, 52(6): 718 –721.

[33] 范春雷, 程向荣. 一种基于细胞多巴胺释放效应的大麻素类活性物质的检测方法及其检测试剂盒: CN109856394A[P]. 2019 –06 –07.

第3章　CBD的提取纯化

3.1　CBD提取工艺概述

大麻素类物质存在于汉麻植株表皮腺体的分泌物中。研究表明,汉麻叶片的背面表皮腺体最丰富。在汉麻植株包裹种子的小苞叶中,大麻素类物质的含量最高,且其含量从植株顶端到底部呈现递减趋势。大麻酚类化合物主要包括CBD、THC、CBN、CBG和CBC等,其中前三者占大麻酚类化合物的90%以上。大麻素类物质成分比较复杂,结构相似的化合物较多,且功能差异性较大。在实际应用前,需要充分分离,以最大限度地发挥各活性物的作用。本章整理了近年文献和专利,总结了CBD的分离纯化方法,并结合实验数据,简述了CBD全谱油和CBD的实验室制备工艺。

3.1.1　CBD的提取方法

在大麻素类物质中,最重要且最具经济价值的是CBD,因此,分离汉麻提取物的主要目的就在于得到CBD。由于CBD在植物体内含量很低,所以必须通过富集纯化才能达到有效剂量。目前,汉麻活性物提取方法主要有浸渍法、回流法、微波提取法、超临界流体萃取法、酶解法和微生物提取法等。实际生产中主要提取方法为溶剂法(浸渍法、回流法和微波提取法),CBD可以很好地溶于甲醇、乙醇、丙酮和正己烷等溶剂中,通过超声和微波辅助等方法可以实现CBD的粗提。溶剂法提取的优势是对设备要求低,但是存在溶剂残留等问题。超临界二氧化碳萃取法(SFE－CO$_2$)提取CBD具有无溶剂残留和提取效率高等优势,为了提高 CBD 和 THC 的产量,还可以使用乙醇作为夹带剂,但是此方法对设备要求很高。在纯化过程中,Δ^9 – THC 的脱除一般都需要使用高效液相及固相萃取技术。

随着科技的发展和新药的不断面世,CBD 作为新药的生物化学原料,将不断刷新人们的认识。同时,CBD 及其他汉麻基活性成分作为化妆品原料和食品添加剂的研究与应用也日益广泛。可见,汉麻基产品未来的市场容量相当可观。但是现有的大多数工艺由于过程复杂、成本较高、设备产品适用性差、生产灵活性低,仅适用于小规模实验或小规模试产。因此,开发高效率、低成本、高纯度的汉麻活性物提取工艺以及技术熟化放大,提高汉麻整株利用率和工艺附加值,将是今后汉麻活性物研究和产业化开发的热点。

3.1.1.1　热回流提取法

高哲等采用热回流提取法对汉麻花叶中的 CBD 进行提取,具体过程为:将汉麻的花与叶经 BJ – 400 型高速多功能粉碎机粉碎、过 20 目筛,用己烷作为提取溶剂,热回流提取 3 次,每次提取 3 h,提取温度 80 ℃。合并 3 次所得提取液,回收己烷,然后将汉麻的提取浓缩流浸膏过大孔树脂柱层析,用 2 种不同浓度的乙醇进行洗脱,并用 HPLC 监测馏分。合并含 CBD 的洗脱液并进行浓缩,将浓缩物过正相硅胶柱进行层析,用石油醚、二氯甲烷进行洗脱,并用 HPLC 检测馏分,合并含 CBD 的洗脱液,减压浓缩、干燥即可得到纯的 CBD。该方法方便、快速、成本低,所得样品纯度高。邓秋云以乙醇为提取剂,在正己烷 – 乙酸乙酯 – 甲醇 – 水体系中进行高速逆流色谱纯化,经浓缩、结晶和冻干得到 CBD。栾云鹏等将汉麻粗粉与 10 倍体积一定浓度的乙醇水溶液混合,闪式提取 3 次,每次不超过 15 min,过滤、合并、浓缩后,测得 CBD 纯度为 14.5%。

王昆华等将汉麻用 60% ~ 70% 乙醇溶液回流提取 2 ~ 3 次,每次提取 1.5 ~ 2.5 h,浸膏中加入 2 ~ 3 倍体积的水,用碱性溶液(NaOH、三乙胺、氨水或三乙醇胺水溶液)调节 pH 值为 11 ~ 12,再回流提取 2 ~ 3 次,弃滤渣。加稀盐酸调为中性,再以等体积的氯仿 – 石油醚混合液萃取 3 ~ 4 次,回收有机溶剂,得 CBD 粗膏。粗膏依次使用乙醇 – 水体系洗脱的聚酰胺柱、氯仿 – 石油醚和氯仿 – 甲醇 – 四氢呋喃体系洗脱的氧化铝柱、甲醇 – 水体系洗脱的过氨基键合硅胶加压层析柱(或氰基键合硅胶柱、苯基键合硅胶柱)层析纯化,脱溶并用丙酮溶解,以冰醋酸结晶,过滤,低温干燥,得 98% 的 CBD。

3.1.1.2　超声辅助萃取法

随着科技的发展,超声辅助萃取法广泛用于生物活性化合物的提取,其原理主要是:超声可以通过破坏细胞壁使目标化合物溶解在溶剂中,从而在更短的时间内提高产量和纯度。

时圣岩将汉麻花叶粗品制成水饱和溶液,超声处理后,将滤液泵入动态轴向压缩柱(固定相为十八烷基键合硅胶,流动相为乙腈-水混合溶液)进行分离,收集保留时间在 155~240 min 的馏分,浓缩、干燥后,CBD 纯度高达 99%。赵立宁等将汉麻植株干燥粉碎后,在正己烷-乙酸乙酯(9:1,V/V)的混合溶剂中超声提取,提取液与 KOH 溶液按比例混合后进行萃取,静置,除中层沉淀相外,上层有机相和下层水相中均含有 CBD,分别旋干后水洗,即得 CBD。该方法简单,且 CBD 有较高的纯度(84%~90%)和较高的富集率(80%)。

3.1.1.3　SFE-CO$_2$ 法

Grijó 等利用 SFE-CO$_2$ 法从大麻中提取分离出 CBD,具体过程为:将 100 g 碾碎的大麻粉尘残留物放入 500 cm^3 的萃取容器中,并连接至萃取系统。使用超临界流体 CO$_2$ 进行萃取,并使液态 CO$_2$ 通过设定好温度的预热器。将萃取器加热至 50 ℃,保持压力,提取 4 h,用 100 mL 二氯甲烷冲洗 2 次,收集容器中的 CBD。然后加入无水硫酸镁,将溶液过滤,真空除去溶剂,即得 CBD。该方法操作简单、快捷、环保。

孙川将汉麻原料粉碎至 0.154~0.450 mm,在 80~160 ℃干燥,采用 SFE-CO$_2$ 法萃取。将粗提物加热至 40~100 ℃后进行分子蒸馏,以大孔树脂或 MCI 树脂或 C18 为固定相、超临界流体 CO$_2$ 为流动相、乙醇为夹带剂,分离纯化,得到无 THC 且纯度大于 99% 的 CBD。

项伟等将汉麻花叶在 120 ℃干燥 0.5~4.0 h,粉碎至 0.30 mm,采用 SFE-CO$_2$ 法萃取。提取物溶解于 10 倍体积的乙醇或甲醇中,0 ℃静置 12 h,过滤、除杂、蒸干,再以乙醇-水为洗脱体系经苯乙烯大孔树脂或层析硅胶分离,蒸干后得 CBD 粗品。

项伟等将汉麻花叶在 125~135 ℃干燥 0.1~0.4 h,使其含水量小于 6%,

粉碎至 0.35 ~ 0.50 mm,再在 125 ~ 135 ℃ 干燥 0.2 ~ 0.4 h,得到含水量小于 4% 的提取原料。将 SFE – CO_2 法萃取(可使用夹带剂)得到的液体提取物加热至 60 ℃,保持 10 min,再放入匀质机中,节流膨胀后析出 CBD。项伟等的另一种方法是将汉麻花叶在 105 ℃ 干燥 0.5 h,使其含水量小于 7%,粉碎至 0.30 mm,与水按质量比 3∶1 混合后,放入球磨机研磨,105 ℃ 干燥 0.5 h,得到含水量小于 5% 的提取原料,18 ℃ 时通过 SFE – CO_2 法萃取得到的液体,在 20 ℃、1 MPa 条件下解析出大麻花叶油。

高宝昌等同样采用 SFE – CO_2 法对粉碎的低温干燥汉麻花叶进行提取,将 CBD 浸膏溶解于乙醇,离心,取上清液,以 60% 乙醇为洗脱液进行大孔吸附树脂 (NKA – Ⅱ、H – 103、DM – 130、X – 5h 和 D101 中的一种或几种)分离,再以石油醚 – 乙酸乙酯为洗脱液进行硅胶柱分离,减压浓缩后得 CBD 纯化液。

朱元庄对火麻花叶进行干燥处理(70 ~ 100 ℃ 烘干 2 ~ 3 h),粉碎,采用亚临界萃取装置,以正丁烷、乙醇或两者不定比例的混合物为溶剂,以 20% ~ 40% 乙醇为夹带剂,萃取 40 ~ 60 min,得到富含 CBD 的粗浸膏。将粗浸膏溶于乙醇溶液,低温处理,离心,取上清液,用活性炭脱色,脱除乙醇,得富含 CBD 的火麻浸膏。

3.1.1.4 生物酶法

姚德坤等按料液比 1∶5 在粉碎的汉麻干花叶中加入内切葡聚糖酶、外切葡聚糖酶和纤维素酶,在 pH = 4.5、40 ~ 50 ℃ 条件下酶解 1 ~ 2 h。以 75% ~ 95% 乙醇为溶剂微波提取 5 ~ 10 min,过滤、浓缩后,与 60% 乙醇按体积比 1∶3 加入到高压处理袋内,400 MPa 下加压提取 20 ~ 30 min,过滤,提取 2 次,浓缩浸膏以乙酸乙酯 – 氯仿为洗脱液进行硅胶柱分离,真空干燥后得 CBD。

曹亮等将汉麻花叶干燥、粉碎后加入纤维素酶、木质素降解酶和半纤维素酶,调节汉麻粉末的含水量为 18% ~ 20%,挤压膨化后,加水溶解,在 35 ~ 45 ℃、pH = 2.5 ~ 4.5 条件下,向酶解液中加入石油醚、乙醚和正己烷中的一种或多种进行提取,用三相分离机分离得到水相、残渣及有机相,超滤浓缩有机相,CBD 提取率为 92.31% ~ 96.96%。

张冀等将火麻叶在 100 ℃ 烘干 2 h,冷却,加入酶解液(纤维素酶、果胶酶和木聚糖酶中的一种或几种),摇床内水解 1 h,用正己烷萃取,取上清液,蒸干,加入甲醇,−40 ℃处理 1 h,−6 ℃离心,取上清液,用活性炭脱色,过滤脱溶,即得富含 CBD 的浸膏。

王钲霖等以汉麻根、茎和叶为原料,依次用50% 乙醇和一级无菌水清洗表面污渍和细菌,在 PDA 平板培养基中无菌培养 24～96 h。挑取白色菌丝体,在试管斜面接种后,继续培养 48～120 h,加入花和叶,移入发酵床进行固体发酵,以 HPLC 检测,根据目标物含量确定发酵终点,加入甲醇、乙醇、乙酸乙酯和正己烷中的一种或几种进行提取,浸膏经特殊处理后加入正己烷,萃取 2～3 次,将浓缩的粗提物用 3 倍体积的正己烷溶解,以正己烷 − 乙酸乙酯为洗脱液,干法上样,硅胶柱分离,将 CBD 段再用乙醇溶解,加适量水结晶过夜,过滤、干燥,得 CBD 成品。

3.1.1.5　动态浸渍法

根据溶剂的相似相溶原理,采用动态浸渍法对 CBD 进行提取分离。其具体过程为:将汉麻的花和叶自然晾干,经粉碎机粉碎,过 80 目筛,然后称取约 0.25 g的粉末溶于适量的95% 乙醇溶液中,超声热提取 8 h,共提取 5 次,过滤,合并提取液,水浴减压浓缩,得到样品 A;将样品 A 分散至一定量的纯化水中形成悬浮液,用适量的石油醚进行萃取,共萃取 6 次,合并萃取液,水浴减压浓缩至干,得到样品 B;将样品 B 采用正相硅胶柱层析法,以石油醚和二氯甲烷作为流动相进行梯度洗脱,收集洗脱液,浓缩,用薄层色谱法进行检测,合并相同的部分,得到样品 C;将样品 C 进行反相柱层析,以甲醇 − 水作为流动相进行梯度洗脱,通过 HPLC 进行定性分析,收集洗脱液,浓缩,合并相同部分,即可得到纯度为(95 ±3)% 的 CBD。该方法方便、简洁、经济,获得的产品纯度高,缺点是用时长。姚德坤等将汉麻根、茎和叶干燥、粉碎后,加入 60%～75% 乙醇,在一定条件下微波逆流提取,用石油醚去除脂肪油,以水 − 乙醇为洗脱体系上大孔树脂柱(DA201、D101、HPD300 或 A)层析,乙醇洗脱液减压干燥后,溶于乙酸乙酯,上硅胶层析柱,以氯仿 − 甲醇或石油醚 − 乙酸乙酯溶液按85:2～95:2 洗脱,得到含量在90% 以上的 CBD。

3.1.2　CBD 提取方法的优缺点分析

热回流提取法的缺点是提取时间长、提取温度不易控制,但操作简便、所用仪器简单且容易获得、对实验场所要求不高、工艺比较稳定、提取较完全、容易普及。SFE-CO$_2$ 法具有仪器设备价格高、CO$_2$ 流量不易控制和容易堵塞等缺点,但其生产周期短,萃取率和成品率高,萃取分离合二为一,在萃取分离的过程中只需调节温度和压力的参数即可,操作工艺简单,技术容易掌握。动态浸渍法的缺点是提取时间长,但对实验条件要求不高,操作方法简单,可使样品中的有效成分全部溶出,所得的 CBD 纯度高。

超声辅助萃取法是利用超声振动加快分子振动的频率,从而破坏植物细胞壁,使目标成分溶于溶剂中。提取率相较热回流提取法高,所需温度较低,可缩短萃取时间,防止 CBD 氧化。但有超声波频率不易控制及出现超声空白区的缺点。因此,可根据实际情况采用适合的提取分离方法。

目前,已有多种纯化 CBD 的方法,但是从纯度、提取率和工艺可行性角度来看,主要考虑分子蒸馏、柱层析、重结晶和逆流色谱几种方法。其中,分子蒸馏法需要专业设备,且提取率提高上限有限,仅适合初步富集除杂使用,在高纯度 CBD 的精制工艺中效果并不理想。逆流色谱法虽然具有通量较高和精制效果较好等优点,但需要投入专业设备,且放大较难,不易实现工业化。柱层析法是目前最有效且放大最成熟的一种工艺,还可以与重结晶法联合使用,工艺成熟,成本可进一步降低,分离效果也最好。

3.2 CBD 的提取纯化

3.2.1 研究内容及技术路线

3.2.1.1 研究内容

通过对比多种 CBD 提取方法发现,溶剂法最适合大规模提取。本节采用溶剂法,考察了溶剂种类、浸提温度、浸提时间、料液比、浸提次数和脱羧条件对 CBD 提取效果的影响以及不同大孔树脂对 CBD 富集及 THC 脱除的效果,确定了 CBD 全谱油(除去 THC 的大麻素混合物)的制备工艺。采用中压柱层析系统,筛选对 CBD 全谱油分离效果较好的 C18 填料,放大体积,对分离效果进行评价,得到最佳色谱条件。考察不同重结晶条件对 CBD 纯度的影响,确定最佳重结晶条件,得到纯化 CBD 的工艺。

3.2.1.2　技术路线

实验技术路线如图 3 - 1 所示。

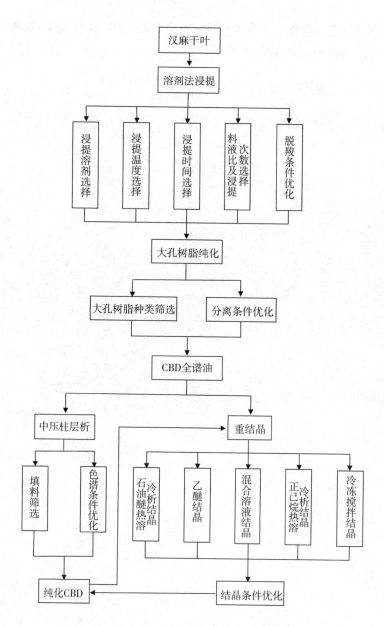

图 3 - 1　CBD 全谱油制备的技术路线图

3.2.2　仪器、试剂与材料

实验中用到的主要仪器和设备如表 3 – 1 所示,其他未列出的与 2.2.2 节相同。

表 3 – 1　主要仪器和设备

仪器和设备	型号
电子天平	PTQ – A10
电热鼓风干燥箱	GFL – 230
水浴锅	HH – WO – 501
冰箱	BCD – 192TMPL
医用低温保存箱	DW – 88L388J
气相色谱—质谱联用仪	5977A

实验中用到的主要试剂和药品如表 3 – 2 所示,其他未列出的与 2.2.2 节相同。

表 3 – 2　主要试剂和药品

试剂和药品	规格
正己烷	分析纯
正庚烷	分析纯
丙酮	分析纯
甲醇	分析纯
乙醇	分析纯
乙醚	分析纯
大孔树脂 A	—
专用大孔树脂 B	—
专用大孔树脂 C	—
C18 填料 1	—
C18 填料 2	—
C18 填料 3	—

3.2.3　实验方法

3.2.3.1　CBD 全谱油的提取纯化

（1）浸提溶剂的选择

称取一定量的汉麻叶，干燥，粉碎，过 60 目筛，得到干燥的汉麻叶粉末原料。称取一定量的原料，分别以正己烷、乙醇、正庚烷和石油醚（沸点 60 ～ 90 ℃）为溶剂在室温下浸提 3 次，每次浸提 24 h，离心（3 000 r/min，5 min），过滤，合并滤液，减压回收溶剂，分别得到相应量的浸膏。取 0.1 g 浸膏，用 10 mL 无水甲醇溶解，微孔减压过滤后，使用第 2 章中 HPLC 测定 CBD 及 THC 含量。色谱条件：紫外检测器，检测波长 220 nm，C18 色谱柱，流动相为乙腈 – 水，流速 1.0 mL/min，柱温 40 ℃。

（2）浸提温度的选择

称取一定量的原料，分别在室温、– 18 ℃冷浸、50 ℃加热回流和 100 ℃加热回流的条件下加入正己烷、乙醇、正庚烷和石油醚，浸提 3 次，离心（3 000 r/min，5 min），过滤，合并滤液，减压回收溶剂，分别得到相应量的浸膏。取 0.1 g 浸膏，用 10 mL 无水甲醇溶解，微孔减压过滤后，使用第 2 章中 HPLC 测定 CBD 及 THC 含量。色谱条件：紫外检测器，检测波长 220 nm，C18 色谱柱，流动相为乙腈 – 水，流速 1.0 mL/min，柱温 40 ℃。

（3）浸提时间的选择

称取一定量的原料，使用乙醇作溶剂，浸提时间分别为 1 h、2 h、4 h、6 h、8 h、12 h、14 h、18 h 和 24 h，在 – 18 ℃冷浸条件下浸提 1 次，离心（3 000 r/min，5 min），过滤，减压回收溶剂，分别得到相应量的浸膏。取 0.1 g 浸膏，用 10 mL 无水甲醇溶解，微孔减压过滤后，使用第 2 章中 HPLC 测定 CBD 及 THC 含量。色谱条件：紫外检测器，检测波长 220 nm，C18 色谱柱，流动相为乙腈 – 水，流速 1.0 mL/min，柱温 40 ℃。

（4）料液比及浸提次数的选择

称取一定量的原料，使用乙醇作溶剂，在 – 18 ℃冷浸条件下浸提 7 次，每次浸提 12 h，离心（3 000 r/min，5 min），过滤，减压回收溶剂，分别得到相应量的浸膏。取 0.1 g 浸膏,用 10 mL 无水甲醇溶解,微孔减压过滤后,使用第 2 章中 HPLC 测定 CBD 及 THC 含量。色谱条件:紫外检测器,检测波长 220 nm,C18 色谱柱,流动相为乙腈 – 水,流速 1.0 mL/min,柱温 40 ℃。

(5)加热脱羧条件的选择

使用汉麻粗浸膏,考察在 70 ℃、90 ℃、110 ℃ 和 130 ℃ 分别脱羧 10 min、20 min 和 30 min,对浸膏中 CBD 及 THC 含量的影响。

(6)大孔树脂的选择

根据前期吸附测试结果,选用常规大孔树脂 A 及专用大孔树脂 B、C 三种大孔树脂,在床体积(BV)为 150 mL、常压条件下,进行 CBD 富集及 THC 脱除效果的研究。

3.2.3.2　CBD 纯化工艺研究

(1)中压柱层析填料的筛选

采用中压色谱系统,FLASH 柱,BV = 40 mL,C18 填料 1、2、3,低流速甲醇 20 ~ 30 BV,甲醇 – 水(1:1,V/V)冲洗 10 BV,流动相甲醇 – 水(70:30,V/V)冲洗 10 ~ 30 BV,流速 2 mL/min,50 mg 样品溶于 1 mL 甲醇,湿法上样,1 个梯度冲洗,CBD 浸膏进样纯度 57.21%,每 5 mL 接 1 个样品,对 CBD 等物质的含量进行测定。

(2)CBD 中压柱层析法纯化实验

采用中压色谱系统,FLASH 柱,BV = 100 mL,低流速甲醇 20 ~ 30 BV,甲醇 – 水(1:1,V/V)冲洗 10 BV,流动相甲醇 – 水(70:30,V/V)冲洗 10 ~ 30 BV,流速 4 mL/min,样品溶于流动相中,超声 2 min,完全溶解后,湿法上样,1 个梯度冲洗,每 10 mL 接 1 个样品,对 CBD 等物质的含量进行测定。

(3)CBD 重结晶纯化实验

将中压柱层析后 CBD 含量较高的组分合并,进行重结晶纯化工艺研究,考察 5 种不同结晶方法的纯化效果。分别在 5 ℃、0 ℃、– 18 ℃ 和 – 40 ℃ 结晶 0 h、12 h、24 h、36 h、48 h、72 h、96 h、120 h、144 h、196 h 和 240 h,同时吸取少量母液,对 CBD 等物质的含量进行测定。

①石油醚热溶冷析结晶

将 1 g 样品加入适量石油醚中,加热至沸腾,趁热过滤后,置于敞口烧杯中冷却至室温后,置于冰箱中冷藏,待挥发至合适浓度后,将烧杯用封口膜密封,静置数日直至样品结晶。用冷藏过的石油醚对结晶样品进行冲洗,过滤、干燥、称重。

②乙醚结晶

将 1 g 样品置于磨口锥形瓶中,加入适量乙醚,加热回流 20 min,过滤,置于敞口烧杯中冷却至室温后,置于冰箱中冷藏,待挥发至合适浓度后,将烧杯用封口膜密封,静置数日直至样品结晶。用冷藏过的石油醚对结晶样品进行冲洗,过滤、干燥、称重。

③混合溶液结晶

将 1 g 样品溶于无水甲醇中,在室温下加入蒸馏水至微浑,将混合溶液稍微加热,完全澄清后,静置数日直至样品结晶。用冷藏过的石油醚对结晶样品进行冲洗,过滤、干燥、称重。

④正己烷热溶冷析结晶

将 1 g 样品加入适量正己烷中,加热至沸腾,趁热过滤,置于敞口烧杯中冷却至室温后,置于冰箱中冷藏,待挥发至合适浓度后,将烧杯用封口膜密封,静置数日直至样品结晶。用冷藏过的正己烷对结晶样品进行冲洗,过滤、干燥、称重。

⑤冷冻搅拌结晶

将 1 g 样品溶于少量乙酸乙酯中,缓慢滴加到剧烈搅拌的石油醚(-20 ℃)中,直至析出适量结晶。用冷藏过的石油醚对结晶样品进行冲洗,过滤、干燥、称重。

3.2.3.3 THC 无害化处理

将含有 THC 的浸膏用乙醇稀释至具有较好的流动性,加到过量浓硫酸中,充分混合 2 h,加入过量高锰酸钾,混合 2 h,破坏 THC 的分子结构,使 THC 失活且无法恢复。

3.2.3.4 数据统计与分析

实验数据用 Excel 2010 进行记录和整理,用 Origin 9.1 及 SPSS 20.0 软件进行处理。

3.2.4　结果与讨论

3.2.4.1　CBD 全谱油的提取纯化

(1)浸提溶剂的选择

按 3.2.3.1 的实验方法得到了不同浸提条件下的样品,对样品进行 HPLC 测试,记录保留时间和峰面积。将所得结果代入 CBD 标准曲线,计算出不同浸提溶剂和不同浸提温度条件下汉麻中 CBD 的含量。

如表 3 - 3 和图 3 - 2 所示,在相同的浸提温度下,乙醇溶剂提取得到的样品中 CBD 含量最高。在相同溶剂、不同浸提温度下提取的样品中 CBD 的含量由大到小为:100 ℃加热回流 >50 ℃加热回流 >室温 > - 18 ℃冷浸。

表 3 - 3　不同浸提温度和溶剂条件下提取样品的 CBD 含量

浸提温度/时间	CBD 含量(μg/mL)			
	正己烷	乙醇	正庚烷	石油醚
- 18 ℃冷浸 2 次/每次 24 h	9.88	10.92	10.36	10.04
室温浸提 2 次/每次 24 h	11.27	14.58	12.10	13.33
50 ℃加热回流 2 次/每次 2 h	13.25	15.93	14.84	15.16
100 ℃加热回流 2 次/每次 2 h	13.69	25.35	21.44	18.65

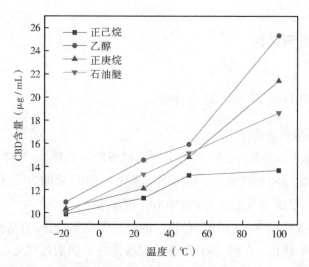

图 3-2　不同浸提温度和溶剂条件下提取样品的 CBD 含量

（2）浸提温度的选择

同时测定了乙醇溶剂在室温、-18 ℃冷浸、50 ℃加热回流和100 ℃加热回流条件下所得浸提液浓缩后得到的固形物中 CBD 的含量。如表 3-4 所示，-18 ℃冷浸时所得固形物中 CBD 的含量最高。尽管 100 ℃加热回流时所得样品中的 CBD 含量最高，但是固形物中 CBD 的含量最低，粗提固形物是 -18 ℃冷浸浸膏的 3 倍多，说明杂质较多。而且，室温浸提或高温回流浸提后都需要进行低温脱蜡处理，否则在后续纯化过程中会遇到因黏度较高而操作困难的问题。采用 -18 ℃冷浸，浸提液中几乎无蜡质溶出，极大地降低了后续操作难度，CBD 的提取效率也得到了保证，经过脱羧处理后，冷浸粗浸膏固形物中 CBD 含量最高可达 20.3%（原料中 CBD 含量 0.23%）。CBD 的分离成本主要集中在纯化过程中，简化纯化过程能进一步控制工艺成本。因此，选择固形物中 CBD 含量最高的浸提温度，即冷浸方式。

表 3-4　不同浸提温度下提取浓缩得到的固形物中 CBD 的含量

浸提温度/时间	固形物中 CBD 的含量（%）
-18 ℃冷浸 2 次/每次 24 h	5.87
室温浸提 2 次/每次 24 h	2.30
50 ℃加热回流 2 次/每次 2 h	2.12
100 ℃加热回流 2 次/每次 2 h	0.76

（3）浸提时间的选择

按 3.2.3.1 的实验方法得到了不同浸提时间条件下的样品,对样品进行 HPLC 测试,记录保留时间和峰面积,将所得结果代入 CBD 标准曲线,计算出不同浸提时间条件下汉麻中 CBD 的含量,结果如图 3 - 3 所示。由图可知,CBD 含量随着浸提时间的延长而增加,在 12 h 时达到最大值,之后保持不变。因此,浸提时间选择 12 h。

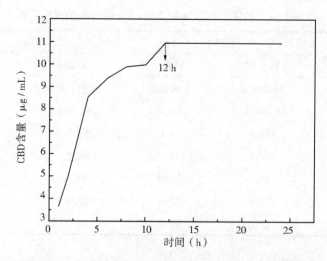

图 3 - 3　不同浸提时间条件下提取样品的 CBD 含量

（4）料液比及浸提次数的选择

准确称取 20 g 汉麻干叶(CBD 含量 0.23%),-18 ℃乙醇冷浸12 h,浸提 7 次,离心(3 000 r/min,5 min),取上清液,回收溶剂并干燥,取浸膏用甲醇定容后,采用 HPLC 对样品中的 CBD 和 THC 含量进行测定,结果如表 3 - 5、表 3 - 6 和图 3 - 4 所示。

表 3 - 5　料液比 1:10 多次浸提 CBD 和 THC 的提取结果

浸提次数	CBD		THC	
	峰面积	峰高	峰面积	峰高
1	11 873.3	1 203.0	1 407.4	113.0
2	4 318.0	474.0	526.6	41.0
3	1 648.0	175.5	182.1	9.8
4	454.9	55.0	42.8	4.2

续表

浸提次数	CBD		THC	
	峰面积	峰高	峰面积	峰高
5	356.4	41.0	33.7	2.9
6	258.7	30.3	28.1	1.9
7	161.9	18.0	20.0	1.5

表 3-6　料液比 1:20 多次浸提 CBD 和 THC 的提取结果

浸提次数	CBD		THC	
	峰面积	峰高	峰面积	峰高
1	13 909.0	1 460.0	1 747.7	143.0
2	2 784.1	303.0	339.3	26.7
3	559.4	68.0	57.2	5.3
4	302.0	38.0	46.7	3.9
5	223.1	29.0	30.1	2.4
6	159.6	22.0	22.4	2.0
7	113.0	19.0	17.0	1.8

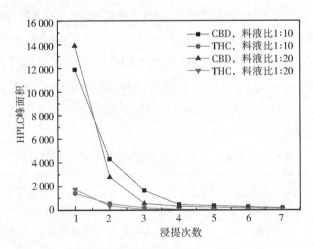

图 3-4　不同料液比下多次浸提 CBD 和 THC 的提取结果

由图可知,料液比为 1:20 时,第一次浸提 CBD 的提取率很高,料液比为 1:10时,第一次浸提 CBD 的提取率过低。综合成本考虑,第一次浸提使用料液比1∶15(提取率介于两者之间),第二次浸提使用料液比1∶10(提取量略低于4 318,当原料中 CBD 含量相同时,1∶10 和1∶20时的提取率只相差15%),经过计算推断总提取率超过85%,基本能够满足提取工艺和经济性需求。结果表明,该方法 CBD 提取率(通过残渣回算)为83%~92%,THC 提取率为70%~90%。

(5)加热脱羧条件的选择

称取 10 g 汉麻粗浸膏,分别在 70 ℃、90 ℃、110 ℃和 130 ℃下脱羧 5 min、10 min、15 min、20 min、25 min 和 30 min,浸膏中 CBD 和 THC 的含量如图 3 – 5 和图 3 – 6 所示。

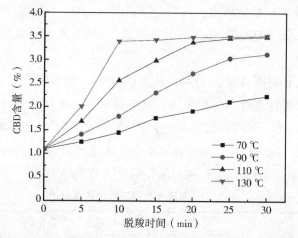

图 3 – 5　不同脱羧温度下脱羧时间对浸膏中 CBD 含量的影响

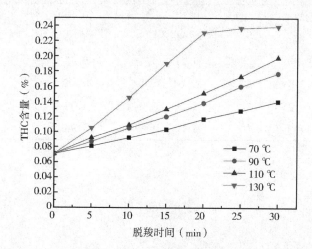

图 3 – 6　不同脱羧温度下脱羧时间对浸膏中 THC 含量的影响

由图可知,脱羧完全后,浸膏中 CBD 和 THC 的含量均提高 3 倍以上,说明脱羧对 CBD 的提取影响显著。在 70 ℃ 和 90 ℃ 时,CBD 完全脱羧需要的时间较长;110 ℃时,CBD 需要 20 min 可接近完全脱羧;而 130 ℃时,CBD 仅需要 10 min 左右即可完成脱羧。因此,在实验室可选择 110 ℃脱羧 20 min 或 130 ℃脱羧10 min,在实际生产过程中,可根据设备、原料及通风等实际情况选择合适的脱羧条件。

(6)大孔树脂的筛选

对多种常用及文献提及的大孔树脂填料进行了吸附能力测试,结果表明,专用大孔树脂 B 和 C 分离效率较高,效果相当。从成本来看,常规大孔树脂 A 虽然吸附效果低于前两者,但成本显著降低,且吸附和脱附效果可以达到初级分离的要求。

将 3 种大孔树脂 A、B、C 分别湿法上样(BV = 150 mL、常压),上样量相同,采用相同的洗脱方式进行梯度洗脱。对不同浓度乙醇洗脱以及丙酮冲柱得到的提取物进行 GC – MS 测试,结果如表 3 – 7 和图 3 – 7 所示。结果表明,经大孔树脂 A 和 B 富集后,CBD 分布相对集中。从成本来讲,大孔树脂 A 价格更便宜,且分离效果也不错。因此,选择大孔树脂 A 作为填料。

表 3 – 7　不同大孔树脂洗脱效果对比

洗脱剂	CBD 峰面积百分比(%)		
	大孔树脂 A	大孔树脂 B	大孔树脂 C
40% 乙醇	0.17	0.16	2.88
60% 乙醇	3.94	4.06	3.73
80% 乙醇	9.25	9.45	10.48
95% 乙醇(3 BV)	12.64	14.27	12.92
95% 乙醇(2 BV)	2.26	1.98	7.44
丙酮(冲柱)	2.11	1.98	3.74

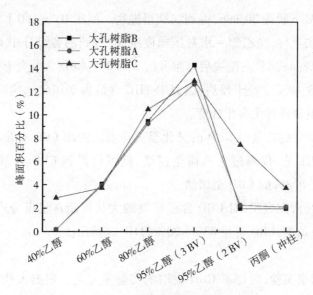

图 3-7　不同大孔树脂洗脱后 CBD 分布情况

（7）低 CBD 含量原料的大孔树脂分离效果

第一批次汉麻叶，CBD 含量 0.29%，采用乙醇作为溶剂，-18 ℃冷浸，浸提 2 次，每次浸提 12 h，料液比第一次 1:15，第二次 1:10，过滤，合并滤液，浓缩成浸膏，在 110 ℃下脱羧 20 min，得到汉麻粗提物。使用 BV=1.0 L 的玻璃层析柱，稀释后湿法上样，经乙醇-水常压梯度洗脱，得到的各组分中 CBD 含量最高可达 57.21%，该组分占洗脱后总组分的 31.10%，CBD 含量大于 45% 的组分占总组分的 46.60%。

结果表明，在 80% 乙醇（2 BV）和 100% 乙醇（1 BV）中得到的组分经干燥后，分别占总组分的 30.00% 和 16.60%，CBD 含量分别为 57.21% 和 44.78%，该组分中不含 THC。因此，通过条件优化，大孔树脂可以将 THC 与 CBD 分离开。实验结束后，将含有 THC 的组分进行无害化处理。

另外，同样以 CBD 含量 0.29% 的汉麻叶为原料，但使用常温浸提且没有进行脱羧处理的浸膏，采用同样方法进行大孔树脂富集后，各组分中 CBD 含量最高不到 20%，该组分占总组分的 31.10%，组分中无 THC 检出。

（8）高 CBD 含量原料的大孔树脂分离效果

第二批次汉麻叶，CBD 含量 1.91%，采用乙醇作为溶剂，-18 ℃冷浸，浸提 2 次，每次浸提 12 h，料液比第一次 1:15，第二次 1:10，过滤，合并滤液，浓缩成浸膏,在110℃下脱羧20 min,得到汉麻粗提物。使用BV=1.0 L的玻璃层析柱,稀释后湿法上样,经乙醇－水常压梯度洗脱,得到的各组分中CBD含量最高可达81.48%,该组分占洗脱后总组分的24.30%,CBD含量大于75%的组分占总组分的63.48%。经干燥后,组分中THC含量为0.016%,实验结束后,将含有THC的组分进行无害化处理。

原料中CBD的含量对CBD的纯化至关重要。使用CBD含量较高的原料及合理的提取工艺,仅通过大孔树脂富集,就可以得到CBD含量大于75%、THC含量小于0.3%的CBD全谱油。

此外,后续研究表明,对CBD含量较高的大孔树脂富集组分进行重结晶,得到的晶体为黄色,CBD含量83%~90%,THC未检出。

(9)小结

通过单因素实验,确定了CBD提取的实验室工艺。根据大孔树脂对汉麻浸膏的分离效果,对富集用大孔树脂种类进行了筛选,并优化了富集工艺。

①最佳提取工艺为:采用乙醇作溶剂,－18℃冷浸,浸提2次,每次浸提12 h,料液比第一次1:15,第二次1:10,在110℃下脱羧20 min或在130℃下脱羧10 min,CBD提取率84%~92%,浸膏中CBD含量最高可达20.3%(原料中CBD含量0.23%)。

②对3种大孔树脂A、B、C(BV=150 mL、常压)进行了筛选,大孔树脂A和B分离效率相当。从成本来看,常规大孔树脂A就可以起到一级分离的作用。

③采用上述最佳工艺,以CBD含量0.29%的干叶为原料,使用大孔树脂A和BV=1.0 L玻璃层析柱,稀释后湿法上样,经乙醇－水常压梯度洗脱,得到的各组分中CBD含量最高可达57.21%,该组分占洗脱后总组分的31.10%,CBD含量大于45%的组分占总组分的46.60%。重结晶后,各组分CBD含量可进一步提高8%以上。

④采用上述最佳工艺,以CBD含量1.91%的干叶为原料,使用大孔树脂A和BV=1.0 L玻璃层析柱,稀释后湿法上样,经乙醇－水常压梯度洗脱,得到的各组分中CBD含量最高可达81.48%,该组分占洗脱后总组分的24.30%,CBD含量大于75%的组分占总组分的63.48%。重结晶后,得到的晶体为黄色,CBD含量83%~90%。

⑤对于高含量CBD组分,经过大孔树脂富集,可除去浸膏中的大部分

THC。如需全谱油产品,则可通过重结晶进一步提高 CBD 含量,并除去较低 CBD 含量浸膏中剩余的大部分 THC。此方法可使全谱油中的 THC 含量小于 0.3%。

3.2.4.2　CBD 纯化工艺研究

(1)中压柱层析填料的筛选

通过对比可知,C18 填料 1 的 CBD 出峰时间较晚,纯度可由进样的 57.21% 提升至 71.89%,C18 填料 2 的 CBD 出峰时间较适中,纯度可由进样的 57.21% 提升至 59.28%,C18 填料 3 的 CBD 出峰时间较适中,纯度可由进样的 57.21% 提升至 75.46%。从结果来看,C18 填料 3 的效果最佳,因此,后续实验采用 C18 填料 3 作为中压柱层析填料。

(2)CBD 中压柱层析法纯化

CBD 进样纯度为 81.48%,使用 C18 填料 3 制作的 FLASH 柱,BV = 100 mL,低流速甲醇 20 ~ 30 BV,甲醇 - 水(1:1,V/V)冲洗 10 BV,流动相甲醇 - 水(70:30,V/V)冲洗 10 ~ 30 BV,流速 4 mL/min,样品溶解于 5 mL 流动相中,超声 2 min,再加入少量甲醇至样品完全溶解,湿法上样,1 个梯度冲洗,每 10 mL 收集 1 个样品。对样品进行 GC - MS 检测,结果如图 3 - 8 所示。

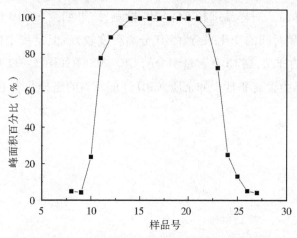

图 3 - 8　中压柱层析组分中 CBD 的峰面积百分比(进样纯度 81.48%)

从 CBD 峰面积百分比随时间的变化来看,CBD 分离程度较好,且比较集中,适合进行 CBD 的纯化。中间有部分样品峰面积百分比几乎达到 100%,其

GC-MS 图如图 3-9 所示。从图中可以看出,样品中含有非常少的杂质,CBD 纯度较高的组分几乎不含 THC。

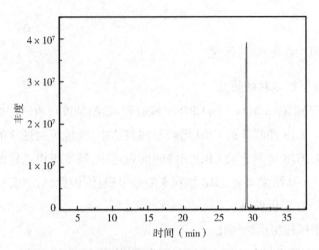

图 3-9   高进样纯度时高 CBD 含量组分的 GC-MS 图

CBD 进样纯度为 71.43%,使用 C18 填料 3 制作的 FLASH 柱,BV = 100 mL,低流速甲醇 20~30 BV,甲醇-水(1:1,*V/V*)冲洗 10 BV,流动相甲醇-水(70:30,*V/V*)冲洗 10~30 BV,流速 4 mL/min,样品溶解于 10 mL 流动相中,超声 2 min,再加入少量甲醇至样品完全溶解,湿法上样,1 个梯度冲洗,每 10 mL 接 1 个样品。对样品进行 GC-MS 检测,结果如图 3-10 所示。从 CBD 峰面积百分比随时间的变化来看,CBD 分离程度较好,但是集中性略差于进样纯度 81.48% 的样品,高 CBD 含量组分的 GC-MS 图如图 3-11 所示。从图中可以看出,样品中含有非常少的杂质,CBD 纯度较高的组分几乎不含 THC。

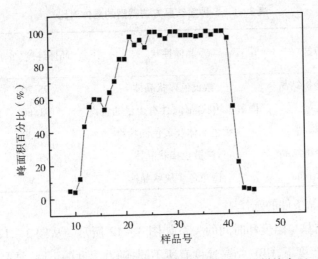

图 3 - 10　中压柱层析组分中 CBD 的峰面积百分比（进样纯度 71.43%）

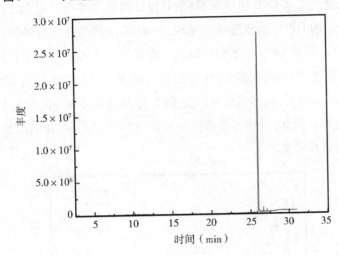

图 3 - 11　低进样纯度时高 CBD 含量组分的 GC - MS 图

（3）重结晶方法的选择

　　5 种重结晶方法得到的晶体性状、纯度及质量均有不同，其对比结果如表 3 - 8 所示。从表 3 - 8 中可以看出，使用石油醚和正己烷重结晶效果较好，一次重结晶即可以将 CBD 纯度提升到 95% 以上，但是重结晶速度慢，需要一周以上的时间；冷冻搅拌结晶速度快，晶体得量较多，纯度也可达到 93.90%；乙醚和混合溶液重结晶效果不好，纯度也不高。综合来看，后续实验选择石油醚热溶冷析的重结晶方法。

表 3 - 8　5 种重结晶方法得到的晶体对比

重结晶方法	晶体性状	晶体纯度(%)	晶体质量(g)
石油醚热溶冷析结晶	微黄色棒状晶体	95.20	0.51
乙醚结晶	微黄色块状晶体,伴有少量油状物	91.60	0.45
混合溶液结晶	黄色晶体及黄色油状物	90.30	0.17
正己烷热溶冷析结晶	微黄色棒状晶体	95.10	0.50
冷冻搅拌结晶	微黄色小块状晶体	93.90	0.56

(4)重结晶条件的选择

CBD 的结晶与温度和时间的关系如图 3 - 12 所示。从图 3 - 12 中可以看出,在不同的温度下,CBD 结晶速度有所不同,随着温度的下降,结晶速度增加,不论从结晶速度还是从 CBD 得率来看,相对较低的温度对 CBD 结晶更有利。

对结晶产品的 HPLC 检测进一步发现,-40 ℃虽然结晶速度较快,但是会将杂质包裹在内,因此 CBD 纯度相对较低。而 0 ℃及 5 ℃由于温度比较接近,虽然结晶速度稍慢,但是得到的 CBD 纯度相对较高,-18 ℃得到的 CBD 纯度则介于两者之间。可见,虽然低温可以使 CBD 结晶速度增加,但是结晶过快会影响 CBD 的纯度。因此,后续实验选择 5 ℃作为结晶温度,可在结晶 5 天后置于-18 ℃提高结晶质量。

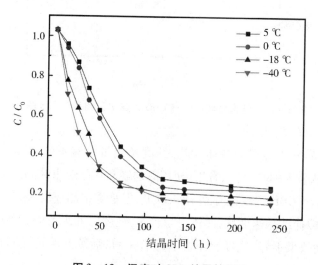

图 3 -12　温度对 CBD 结晶的影响

经重结晶得到的 CBD 为无色至淡黄色晶体, CBD 含量大于 95%, 其 HPLC 结果如图 3 - 13 所示。

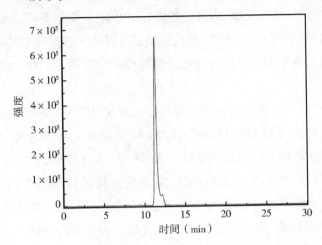

图 3 - 13　重结晶后 CBD(含量 95.30%) 的 HPLC 图

(5)小结

本节对 CBD 纯化用中压柱层析填料进行了筛选, 并进行了相应的纯化实验。CBD 进样纯度为 81.48% 时, 使用 C18 填料 3 制作的 FLASH 柱, BV = 100 mL, 低流速甲醇 20 ~ 30 BV, 甲醇 - 水(1:1, V/V)冲洗 10 BV, 流动相甲醇 - 水(70:30, V/V)冲洗 10 ~ 30 BV, 流速 4 mL/min。可以得到纯度较高的 CBD, 且高纯度样品较为集中, 几乎不含有 THC。

将上述方法制得的高纯度 CBD 组分, 采用石油醚热溶冷析的重结晶方法, 5 ℃ 下结晶, 结晶 5 天后置于 - 18 ℃ 提高结晶质量, 最终可以得到 CBD 含量为 95.30% 的晶体。

3.3　CBD 提取纯化总结与展望

本章简述了部分大麻素的提取纯化技术, 设计并验证了 CBD 全谱油和高纯度 CBD 的制备工艺, 得到如下结论:

(1)采用浸提法对 CBD 的提取工艺进行了研究, 实验室最佳提取工艺为: 采用乙醇作溶剂, - 18 ℃ 冷浸, 浸提 2 次, 每次浸提 12 h, 料液比第一次 1:15, 第二次 1:10, 在 110 ℃ 下脱羧 20 min 或在 130 ℃ 下脱羧 10 min, CBD 提取率为

84%～92%,浸膏中 CBD 含量最高可达 20.30%(原料中 CBD 含量为 0.23%)。

(2)原料中 CBD 含量对浸提和富集效果影响显著。粗提物经大孔树脂 A 富集,乙醇－水常压梯度洗脱,得到的各组分中 CBD 含量最高可达 81.48%,该组分占洗脱后总组分的 24.30%。通过重结晶可以进一步提高 CBD 的产量,同时除去剩余的大部分 THC。此方法可以得到 CBD 含量为 75.00% 的全谱油,且 THC 含量小于 0.3%。

(3)利用中压柱层析法对全谱油进行纯化,CBD 进样纯度为 81.48% 时,使用 C18 填料 3 制作的 FLASH 柱,BV = 100 mL,低流速甲醇 20～30 BV,甲醇－水($1:1,V/V$)冲洗 10 BV,流动相甲醇－水($70:30,V/V$)冲洗 10～30 BV,流速 4 mL/min。可以得到纯度较高的 CBD,且高纯度样品较为集中,几乎不含有 THC。采用石油醚热溶冷析的重结晶方法,在 5 ℃下结晶,结晶 5 天后置于 －18 ℃提高结晶质量,最终可以得到 CBD 含量为 95.30% 的结晶。

在国际上,汉麻提取物的药用价值不断被挖掘,欧睿国际预计 2025 年全球合法大麻市场规模将达到 1 660 亿美元。汉麻活性物新药 Epidiolex 在科睿唯安(Clarivate Analytics)发布的《2018 最值得关注的药物预测》年度报告中给出的"12 个上市后 5 年内销售额预计超 10 亿美元的新药"中排名第七。美国食品与药品监督管理局(FDA)已经批准了一种含有高纯度 CBD 的药物,用于治疗儿童发作性癫痫,该药为英国制药公司所研发,一个疗程的费用是 32 500 美元。同时,加拿大已拥有多家医用大麻上市企业,甚至还成立了大麻 ETF(Exchange Traded Fund)基金。在过去的两年里,韩国及津巴布韦、赞比亚、南非、莱索托等多个非洲国家批准了汉麻的种植或药用实验,非洲有望在不久后成为全球最大的汉麻种植集中区。

2018 年 2 月,黑龙江省人民政府办公厅发布《黑龙江省汉麻产业三年专项行动计划(2018—2020)》,要将黑龙江省打造成国内甚至全球最大的汉麻产业基地,"达到 7 万吨汉麻麻皮深加工能力、1 万吨麻籽深加工能力、1 万吨叶花深加工能力、30 万吨秆芯综合利用加工能力,初步形成汉麻种植、纤维加工、籽花叶深度开发、秆芯综合利用的全产业链汉麻种植加工体系"。目前,黑龙江省孙吴县汉麻种植面积占全国 1/3 以上,被中国麻纺织行业协会授予"黑龙江孙吴县——中国汉麻(汉麻)之乡"称号,被国家质量监督检验检疫总局批准为"国家地理标志保护产品"。2020 年 10 月 29 日,《中国(云南)自由贸易试验区昆明片区(昆明经开区)支持工业大麻产业高质量发展措施》(简称"麻二十条")正式印发实施,核心目标是推动汉麻产业快速发展,重点扶持区内汉麻产学研创新链,推动技术成果转化。2020 年 10 月 26 日和 11 月 18 日,云南省工业大麻行业协会及昆明市工业大麻行业协会领先全国相继成立。2021 年 7 月 23 日,黑龙江省政府办公厅下发《黑龙江省人民政府办公厅关于加快农业科技创新推广的实施意见》,意见要求在发展汉麻育种工作的同时,聚焦打造"粮头食尾""农头工尾",围绕构建农业强省"652"产业发展格局,开展各环节重大关键技术攻关。汉麻产业作为第一项"强化百亿级重大关键技术攻关支撑"技术被再次着重提出。

国际上汉麻的种植加工热潮愈演愈烈,也将会出现更多优秀的汉麻基药物。目前,国内汉麻产业虽然更多地集中在纤维等传统应用领域,但是基于汉麻活性物,特别是基于 CBD 的医药领域的科学研究并不落后于国际水平。近年来,在大政策的引领下,汉麻育种研究也日渐规范和丰富。可以预期,我国汉麻行业一定不会是跟跑国际、甘当配角的。同时,品种优化和活性物纯化技术转化将是未来几年国内汉麻产业的主要任务。

参考文献

［1］ NAMDAR D, MAZUZ M, LON A, et al. Variation in the compositions of cannabinoid and terpenoids in *Cannabis sativa* derived from inflorescence position along the stem and extraction methods［J］. Industrial Crops and Products, 2018, 113: 376 – 382.

［2］ 刘志华, 王金兰, 赵明, 等. 工业大麻地上部分化学成分研究［J］. 中草药, 2021, 52(15): 4463 – 4472.

［3］ 梁欣蕊, 刘志华, 孙立秋, 等. 汉麻花叶化学成分研究［J］. 齐齐哈尔大学学报(自然科学版), 2021, 37(2): 79 – 81, 87.

［4］ 李观丽, 张荣平. 大麻成分提取工艺综述［J］. 化工技术与开发, 2020, 49(5): 34 – 39, 59.

［5］ LEIMAN K, COLOMO L, ARMENTA S, et al. Fast extraction of cannabinoids in marijuana samples by using hard – cap espresso machines［J］. Talanta, 2018, 190: 321 – 326.

［6］ 于晓瑾, 刘采艳, 杨连荣, 等. 汉麻中大麻二酚的研究进展［J］. 中成药, 2021, 43(5): 1275 – 1279.

［7］ AGARWAL C, MÁTHÈ K, HOFMANN T, et al. Ultrasound – assisted extraction of cannabinoids form *Cannabis Sativa* L. optimized by response surface methodology［J］. Journal of Food Science, 2018, 83(3): 700 – 710.

［8］ BRLGHENTI V, PELLATI F, STEINBACH M, et al. Development of a new extraction technique and HPLC method for the analysis of non – psychoactive cannabinoids in fiber – type *Cannabis sativa* L. (hemp)［J］. Journal of Pharmaceutical and Biomedical Analysis, 2017, 143: 228 – 236.

[9] GRIJÓ D R, OSORIO I A V, CARAOZO – FILHO L. Supercritical extraction strateges using CO_2 and ethanol to obtain cannabinoid compounds from *Cannabis* hybrid flowers[J]. Journal of CO_2 Utilization, 2018, 28: 174 – 180.

[10] 秦芹, 彭阳志. 工业大麻花叶提取全谱油中试工艺研究[J]. 云南化工, 2021, 48(4): 130 – 132.

[11] ROVETTO L J, AIETA N V. Supercritical carbon dioxide extraction of cannabinoids from *Cannabis sativa* L. [J]. The Journal of Supercritical Fluids, 2017, 129: 16 – 27.

[12] ELKINS A C, DESEO M A, ROCHFORT S, et al. Development of a validated method for the qualitative and quantitative analysis of cannabinoids in plant biomass and medicinal cannabis resin extracts obtained by supercritical fluid extraction[J]. Journal of Chromatography B, 2019, 1109: 76 – 83.

[13] GUO T T, LIU Q C, HOU P, et al. Stilbenoids and cannabinoids from the leaves of *Cannabis sativa f. sativa* with potential reverse cholesterol transport activity[J]. Food and Function, 2018, 9: 6608 – 6617.

[14] FEKETE S, SADAT – NOORBAKHSH V, SCHELLING C, et al. Implementation of a generic liquid chromatographic method development workflow: application to the analysis of phytocannabinoids and *Cannabis sativa* extracts[J]. Journal of Pharmaceutical and Biomedical Analysis, 2018, 155: 116 – 124.

[15] GALLO – MOLINA A C, CASTRO – VARGAS H I, GARZÓN – MÉNDEZ W F, et al. Extraction, isolation and purification of tetrahydrocannabinol from the *Cannabis sativa* L. plant using supercritical fluid extraction and solid phase extraction[J]. The Journal of Supercritical Fluids, 2019, 146: 208 – 216.

[16] 高哲, 张志军, 李晓君, 等. 火麻叶中大麻二酚的热回流法提取工艺研究[J]. 中国油脂, 2019, 44(3):107 – 111.

[17] 邓秋云. 一种利用高速逆流色谱分离纯化制备大麻二酚的方法: CN109942380A[P]. 2019 – 06 – 28.

[18] 栾云鹏, 郑双庆, 李志朋, 等. 一种提取大麻二酚的方法: CN110078595A[P]. 2019 – 08 – 02.

[19] 王昆华, 徐玉, 高运辉, 等. 一种大麻二酚的提取分离方法: CN108314608B

［P］. 2020 － 11 － 03.

［20］ 时圣岩. 一种采用动态轴向压缩柱制备高纯度大麻二酚的方法：CN109851480A［P］. 2019 － 06 － 07.

［21］ 赵立宁, 严江涛, 刘亮亮, 等. 一种分离大麻二酚的方法：CN109678675A［P］. 2019 － 04 － 26.

［22］ GRIJÓ D R, BIDOIA D L, NAKAMURA C V, et al. Analysis of the antitumor activity of bioactive compounds of *Cannabis* flowers extracted by green solvents［J］. The Journal of Supercritical Fluids, 2019, 149：20 － 25.

［23］ 孙川. 一种从工业大麻中提取大麻二酚的方法：CN109970518A［P］. 2019 － 07 － 05.

［24］ 项伟, 刘绍兴, 顾文云, 等. 一种富集大麻二酚的方法：CN107011125B［P］. 2020 － 07 － 28.

［25］ 项伟, 刘绍兴, 顾文云, 等. 大麻花叶油的萃取方法及其大麻花叶油产品：CN107325881A［P］. 2017 － 11 － 07.

［26］ 项伟, 顾文云, 刘绍兴, 等. 高提取率的大麻花叶油提取方法及其大麻花叶油：CN107227198A［P］. 2017 － 10 － 03.

［27］ 高宝昌, 孙宇峰, 赫大新, 等. 一种从汉麻中提取纯化大麻二酚的方法：CN107337586B［P］. 2020 － 09 － 04.

［28］ 朱元庄. 一种富含大麻二酚的火麻浸膏及其制备方法：CN105535111B［P］. 2019 － 06 － 28.

［29］ 姚德坤, 万莉, 姚德利. 一种从工业大麻中提取大麻二酚（CBD）的新方法：CN111892485A［P］. 2020 － 11 － 06.

［30］ 曹亮, 刘欣, 黄莉, 等. 一种酶法结合膜法提取大麻二酚的方法：CN109809969A［P］. 2019 － 05 － 28.

［31］ 张冀, 谢海辉. 一种大麻二酚的提取方法：CN109988060A［P］. 2019 － 07 － 09.

［32］ 王钲霖, 刘胜贵, 李智高, 等. 一种利用微生物处理大麻花叶提高大麻二酚提取率的工艺：CN110041172A［P］. 2019 － 07 － 23.

［33］ 姚德坤, 万莉, 姚德利. 一种从大麻叶中提纯大麻油的制备方法：CN111876245A［P］. 2020 － 11 － 03.

第4章　汉麻挥发油的提取及分析

4.1　汉麻挥发油的提取及分析方法概述

常见的汉麻挥发油提取方法包括水蒸馏法、水蒸气蒸馏法、溶剂萃取法和超临界流体萃取法等,这些提取方法各有利弊。要想了解汉麻挥发油的真正价值,就需要标准化程序,包括挥发油的组成、化合物的定量以及经过验证的分析方法。没有严格的化学数据,就无法对汉麻挥发油的药理结果进行可比性和批判性评价。因此,研究汉麻挥发油的提取工艺及制定合理的分析方法是十分必要的。下面对汉麻挥发油的提取及分析方法进行概述。

4.1.1　汉麻挥发油的提取方法

4.1.1.1　水蒸馏法及水蒸气蒸馏法

水蒸馏法(HD)和水蒸气蒸馏法(SD)是最常用的从植物源中提取汉麻挥发油的方法,这两种方法利用水蒸气压来降低分子的沸点。水蒸气穿透生物质并溶解挥发性化合物,溶剂和溶质被冷却,导致挥发性物质的分离,上层与水不互溶的物质就是挥发油。HD法操作简单,但受温度影响较大,汉麻挥发油中的某些成分可能会因高温分解,原料易焦化,从而影响产品品质。SD法的优点是避免了HD法受高温或焦化的影响。但是,这两种方法均存在一定程度的油水共存现象。

4.1.1.2　溶剂萃取法

溶剂萃取法是利用乙醚和石油醚等低沸点的有机溶剂,通过加热回流萃取装置来提取汉麻挥发油的方法,其缺点是植株内其他脂溶性成分,如树脂和叶绿素等也会被有机溶剂提取出来。若需提高挥发油得率,必须进行进一步精制提纯。

溶剂萃取法通常用来对汉麻中的萜烯类化合物进行提取。汉麻挥发油可以用极性和非极性溶剂提取,但 Namdar 等发现极性和非极性溶剂的混合物可以最有效地从花序中提取萜烯和大麻素类物质。实验结果表明,与正己烷和乙醇相比,正己烷 - 乙醇(7:3,V/V)混合溶剂的萃取效率更高。极性溶剂的使用有利于提高大麻素的产量。虽然操作条件不详,但液/固比值在 5 ~ 50 mL/g 范围内变化,萃取持续时间可达 1 h。此外,在延长提取时间的过程中,温度过高可能会导致挥发性化合物发生损失,从而降低挥发油得率。

4.1.1.3　超临界流体萃取法

超临界流体萃取(SFE)是一种环境友好的萃取技术,它是使用超临界状态流体进行萃取的过程。到目前为止,CO_2 是 SFE 法使用最多的流体,它具有化学稳定性好、毒性低、不易燃和价格低廉等优点。SFE 法的另一个优点是提取温度低,可用于提取温度敏感的组分。超临界 CO_2($SC - CO_2$)是提取汉麻挥发油中萜类化合物的良好溶剂。相比 HD 法,SFE 法提取汉麻挥发油的得率更高,耗能也更少。

在 $SC - CO_2$ 萃取汉麻挥发油的研究中,温度和压强的影响是所有研究的重点。da Porto 等研究了萃取压强对大麻挥发油得率和成分的影响。在萃取温度为 40 ℃时,萃取压强从 1.0×10^7 Pa 增加到 1.4×10^7 Pa,挥发油得率从 0.67% 下降到 0.34%。此外,提取的挥发油中萜烯成分在压强为 1.0×10^7 Pa 时的组成更接近原始花序。在压强为 1.4×10^7 Pa 时,单萜烯含量较低,倍半萜烯含量较高。这种不同的挥发油组成可能是由于压强增加导致 $SC - CO_2$ 中组分的溶解度发生变化。根据 Naz 等的研究,萃取温度从 40 ℃升高到 45 ℃,可以提高大麻挥发油得率,而萃取温度的进一步升高则会导致得率下降。另一项研究采用实验设计优化 $SC - CO_2$ 萃取大麻中的萜烯和大麻素类物质,作者认为,低温和不使用助溶剂的条件有利于挥发性化合物的提取。SC – CO$_2$还可用于回收大麻素类物质,因为大麻素类物质与萜烯存在于同一植物器官中,萜烯不需要任何辅助溶剂即可进行提取。如果加入乙醇作为辅助溶剂,最终能够实现在第一个分离器中分离大麻素类物质,在第二个分离器中分离萜烯。

4.1.1.4　同时蒸馏萃取法

同时蒸馏萃取法(SDE)的原理是利用样品蒸气和萃取溶剂的蒸气在密闭的装置中充分混合,各组分在低于各自沸点时能被蒸馏出来,蒸馏时混合物的沸点保持不变,当其中某一组分被完全蒸出后,温度才上升到留在装置中的组分的沸点。挥发性成分首先被蒸馏出来,然后和萃取剂在螺旋形冷凝管上完成萃取,根据萃取剂与水比重的差异将两者分开,最后回收萃取剂。SDE 法的优点是将样品的水蒸气蒸馏和馏分的溶剂萃取两个过程合二为一,与传统的 SD 法相比,减少了实验步骤,节约了大量溶剂,同时也降低了样品在转移过程中的损失。

4.1.1.5　快速固液动态萃取法

快速固液动态萃取(RSLDE)是一种较新的固液萃取技术,该技术可作为现有固液萃取技术的有效替代,被认为是一种绿色的提取方法。同时,该方法具有较高的回收率。

RSLDE 引入了新的固液萃取技术,该技术基于内部材料和固体基质出口之间的压力差,产生一种吸附效应,导致与固体基质没有化学联系的化合物被提取。RSLDE 在较低的温度下进行,适合易挥发成分的提取,可以替代目前的大部分固液萃取技术。

4.1.1.6　其他提取方法

为了提高溶剂浸提法的提取效率,研究者们采用多种提取手段相结合的方式,比较常见的有微波、超声、闪式及高压脉冲辅助提取等。物理方法辅助提取不仅能够提高汉麻挥发油的提取率,而且弥补了传统方法反应时间长和有效成分受热易分解的缺点。

综上所述,所有这些提取方法都有共同的目标,包括从原料中提取活性成分及其副产品,提高工艺的选择性,以更合适的形式分离出活性化合物进行检测,提供一种有效、可重复的分离方法,提高挥发油得率,提高工艺的经济性。由于萜烯和大麻素类物质存在于同一植物器官中,它们通常被同时提取。最新研究旨在对新型提取方法及传统提取方法进行比较,开发在不损害汉麻挥发油中萜烯的情况下提取大麻素类物质的新方法。大麻素脱羧需要预先进行热处理,较低的温度可以减少萜烯损失。根据随从效应理论,同时含有大麻素类物质和萜烯的汉麻挥发油更有益于人类健康。

4.1.2 汉麻挥发油的分析方法

已经在不同的汉麻品种中鉴定出 150 多种挥发油成分,主要是单萜烯和倍半萜烯。虽然萜烯含量不一定表明其地理来源,但萜烯含量是一种表型特征,它在不同的汉麻品种之间以及暴露在不同环境条件下的同一品种的标本之间表现出高度的可变性。汉麻萜烯含量随着植物所受光照的增加而增加,随着土壤肥力的增加而减少,与采收期也有关。此外,随着时间的推移,又经过杂交及新品种的培育,产生了大量的新品种,这使研究工作更加复杂。植物材料中萜烯的传统检测方法涉及溶剂提取,但样品制备方法,尤其是提取溶剂的极性,通常会影响提取物的最终组成。

2013 年,Romano 和 Hazekamp 论证了使用标准化方法分析花序中萜烯成分的重要性。2020 年,Ternelli 等利用两种无溶剂蒸馏方法制备了不同的医用大麻油。一种方法是在 100 g 的花序上进行水蒸气蒸馏(100 ℃加热 120 min);另一种方法是在 80 g 的植物材料上进行微波辅助水蒸气蒸馏,考察了微波功率和微波时间对汉麻挥发油蒸馏的影响。通过这两种方法获得了较高的汉麻挥发油得率。

大量文献报道了将无溶剂提取技术用于不同汉麻产品中萜烯的分离。固相微萃取(SPME)、静态顶空(SHS)、动态顶空(DHS)以及搅拌棒吸附萃取(SBSE)都是无溶剂的样品制备方法。

火焰离子化检测器(FID)由于成本低、操作简单,是香精和香料领域使用最多的检测器之一。在许多报道中,均将大麻样品中的萜烯成分以峰面积的相对百分比来进行定量。定量分析也可以利用分析物的标准品构建校准曲线。

Fischedick 等仅使用一种萜烯(γ - 萜烯标准品)来定量所有 20 个样品组分,因为单萜烯和倍半萜烯的 FID 响应因子之间差异非常小。两种二维气相色谱(GC×GC)方法也被报道用于汉麻油的表征。部分大麻和汉麻挥发油的提取及分析方法汇总于表 4 - 1。

表 4 - 1　部分大麻和汉麻挥发油的提取及分析方法

样品类型	提取方法	分析方法	单萜烯	倍半萜烯	含氧萜烯
汉麻花序	SD HD	GC - MS GC - FID	α - 蒎烯 β - 蒎烯 月桂烯 (E) - β - 罗勒烯 萜品油烯	(E) - 石竹烯 (E) - α - 香柑油烯 α - 葎草烯 (E) - β - 金合欢烯 α - 瑟林烯 β - 瑟林烯	氧化石竹烯
汉麻和 大麻花序	乙酸乙酯 提取	GC - MS	α - 蒎烯 β - 蒎烯 月桂烯 柠檬烯	(E) - 石竹烯 α - 葎草烯	沉香醇 α - 萜品醇 氧化石竹烯
大麻和 药用大麻 花序	乙醇提取	GC - MS GC - FID	α - 蒎烯 月桂烯 萜品油烯	(E) - 石竹烯 α - 葎草烯	愈创木醇 γ - 桉叶醇 α - 没药醇
汉麻花序	HD	GC - MS GC - FID	α - 蒎烯 β - 蒎烯 月桂烯 (E) - β - 罗勒烯 萜品油烯	(E) - 石竹烯 α - 葎草烯 α - 瑟林烯 1,4 - α - 杜松二烯 3,7(11) - 蛇床二烯 大根香叶烯 B	(E) - 橙花叔醇 氧化石竹烯

续表

样品类型	提取方法	分析方法	单萜烯	倍半萜烯	含氧萜烯
大麻花序	乙醇、正己烷提取	GC-MS	β-蒎烯 月桂烯 γ-萜品油烯 (E)-β-罗勒烯	(E)-石竹烯 (E)-α-香柑油烯 (E)-β-金合欢烯 α-葎草烯	(E)-橙花叔醇 氧化石竹烯
汉麻花序	SD	GC-MS GC-FID	α-蒎烯 β-蒎烯 月桂烯 (E)-β-罗勒烯 萜品油烯	(E)-石竹烯 (E)-α-香柑油烯 (E)-β-金合欢烯 α-葎草烯 α-瑟林烯 β-瑟林烯	氧化石竹烯
药用大麻	SPME	GC-MS GC-FID	α-蒎烯 β-蒎烯 月桂烯 柠檬烯 萜品油烯	(E)-石竹烯 α-葎草烯	沉香醇 樟脑 α-萜品醇
汉麻花序	SPME	GC-FID	α-蒎烯 β-蒎烯 月桂烯 柠檬烯 萜品油烯	(E)-β-金合欢烯 (E)-石竹烯 α-葎草烯 朱栾倍半萜 α-瑟林烯	松油醇 氧化石竹烯
印度大麻	溶剂提取、SPME	GC-MS、GC×GC-MS	α-蒎烯 β-蒎烯 月桂烯 柠檬烯 (E)-β-罗勒烯	(E)-石竹烯 (E)-α-香柑油烯 (E)-β-金合欢烯 α-葎草烯 α-瑟林烯 β-瑟林烯 α-布藜烯 3,7(11)-蛇床二烯	沉香醇 氧化石竹烯 β-桉叶醇 α-没药醇 β-没药醇

续表

样品类型	提取方法	分析方法	单萜烯	倍半萜烯	含氧萜烯
汉麻花序	HD、SFE、SPME	GC - MS	α - 蒎烯 β - 蒎烯 月桂烯 (E) - β - 罗勒烯 萜品油烯	(E) - β - 金合欢烯 (E) - 石竹烯 α - 葎草烯	沉香醇 氧化石竹烯

环境因素同样影响萜烯组成,导致萜烯合成酶表达水平和活性发生变化。萜烯在植物与环境的交流中发挥着重要作用,包括吸引有益生物、排斥有害生物以及植物之间的交流。因此,微小的环境变化可以导致萜烯代谢物组成的显著差异。一些研究证明,在标准化的环境条件和遗传背景下,不同批次大麻中的萜烯和大麻素含量是可重复的。基于此,可以通过标准化方法获得一致和可靠的萜烯谱。萜烯谱的变异可能源于不同的植物材料遗传背景、不同的环境因素和不同的处理方法。为了提高萜烯谱分析的重现性,需要对在受控环境条件下生产、在特定发育阶段收获的植物材料中的萜烯进行深入的研究,并使用标准化和经过验证的分析方法进行分析。

4.2 汉麻挥发油的提取及成分分析

4.2.1 研究内容及技术路线

4.2.1.1 研究内容

考察 HD、SD 和 SDE 等不同提取方法对汉麻挥发油得率的影响,优化提取工艺参数(如前处理方式、提取时间和萃取溶剂等),得到最佳提取工艺;利用GC - MS 鉴定汉麻挥发油的成分,研究不同前处理方式对汉麻挥发油主要成分的影响;分析汉麻挥发油提取过程对提取挥发油剩余物中 CBD 含量的影响。

4.2.1.2 技术路线

实验技术路线如图 4 - 1 所示。

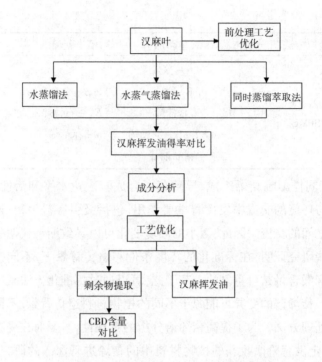

图 4 - 1　汉麻挥发油提取的技术路线图

4.2.2　仪器、试剂与材料

实验中用到的主要仪器和设备如表 4 - 2 所示,其他未列出的与 2.2.2 节相同。

表 4 - 2　主要仪器和设备

仪器和设备	型号
气相色谱 – 质谱联用仪	7890B – 5977A
低温冷却循环泵	DLSB – 5
电子调温电热套	DZTW
料理机	HA – 202

实验中用到的主要试剂和药品如表 4 - 3 所示,其他未列出的与 2.2.2 节相同。

表 4 - 3　主要试剂和药品

试剂和药品	规格
正构烷烃	$C_5 \sim C_{30}$
CBD 标准品	≥95%
无水甲醇	分析纯
二氯甲烷	分析纯
丙酮	分析纯
乙酸乙酯	色谱级
无水乙醇	分析纯

4.2.3　实验方法

4.2.3.1　汉麻叶的前处理工艺

采用多种方式对汉麻叶进行前处理,挥发油提取方法均采用 HD 法,料液比为 1:15,提取时间为 3.5 h,除验证破碎程度外,其他均采用剪碎方式。

(1)干燥(贮存)方式

汉麻叶的干燥(贮存)方式对挥发油得率及挥发油成分均有一定的影响,因此,对鲜叶采用以下几种干燥方式:未干燥(鲜叶),阴凉通风处干燥(阴干),阳光通风处干燥(晒干),冷藏(5 ℃)7 天,冷冻(-18 ℃)10 天及 60 天。

(2)破碎方式

采用以下几种破碎方式:鲜整叶未破碎,鲜叶剪碎,阴干剪碎,阴干磨碎,鲜叶加适量水后用搅拌机打碎。

(3)脱羧方式

采用以下几种脱羧方式:鲜叶未脱羧,鲜叶 120 ℃加热 3 min,鲜叶 120 ℃加热 6 min,阴干后 120 ℃加热 6 min,冷冻 7 天后 120 ℃加热 6 min。

4.2.3.2 汉麻挥发油提取工艺

（1）HD法

将干燥的汉麻叶粉碎,精确称重,按设置的提取时间和料液比进行水蒸馏提取,将分离出的汉麻挥发油称重,每组实验重复3次,按式(4-1)计算得率。

$$得率(\%) = \frac{汉麻挥发油质量(g)}{原料质量(g)} \times 100\% \qquad (4-1)$$

（2）SD法

将干燥的汉麻叶精确称重,按设置的提取时间、料液比、粉碎程度和浸泡时间进行水蒸气蒸馏提取,将分离出的汉麻挥发油称重,每组实验重复3次,计算得率。

（3）SDE法

将干燥的汉麻叶精确称重,放入1 000 mL烧瓶中,按料液比为1:15加入蒸馏水,设置加热套温度为105 ℃,连接同时蒸馏萃取装置,以二氯甲烷为萃取溶剂,加热回流4 h,分离二氯甲烷部分,挥去溶剂,称量挥发油质量,每组实验重复3次,计算得率。

4.2.3.3 HD法提取工艺优化

（1）单因素实验

①蒸馏时间

称取原料200 g,剪碎至1 cm左右细段,按料液比1:10浸泡2 h,蒸馏时间设置为2 h、3 h、4 h、5 h、6 h、7 h和8 h,进行实验。

②料液比

称取原料200 g,剪碎至1 cm左右细段,浸泡2 h,蒸馏时间设置为4 h,按料液比1:5、1:8、1:10、1:12和1:15进行实验。

③浸泡时间

称取原料200 g,剪碎至1 cm左右细段,浸泡0 h、1 h、2 h、4 h、6 h、8 h和12 h,蒸馏时间设置为4 h,按料液比1:10进行实验。

（2）响应面优化实验

综合单因素实验结果,采用Design Expert 8.0.5软件的Box-Behnken设计三因素三水平实验。以料液比(A)、浸泡时间(B)和蒸馏时间(C)为实验因素,确定各因素合适的水平数,以挥发油得率(X)为响应值,进行响应面工艺优化。

4.2.3.4　汉麻叶提取挥发油前后成分及含量变化

提取前:将新鲜汉麻叶剪碎后阴干,取 2 g 样品置于烧杯中,加入 50 mL 无水甲醇,超声提取 30 min 后,取上清液 0.5 mL 于 10 mL 容量瓶中,加入无水甲醇定容,使用 HPLC 进行 CBD 定量分析。

脱羧:将新鲜汉麻叶剪碎后阴干,取 2 g 样品置于烧杯中,置于 160 ℃烘箱 30 min,经室温冷却后,加入 50 mL 无水甲醇,超声提取 30 min 后,取上清液 0.5 mL 于 10 mL 容量瓶中,加入无水甲醇定容,使用 HPLC 进行 CBD 定量分析。

提取后:将提取过挥发油的湿润汉麻叶阴干,取 2 g 样品置于烧杯中,加入 50 mL 无水甲醇,超声提取 30 min 后,取上清液 0.5 mL 于 10 mL 容量瓶中,加入无水甲醇定容,使用 HPLC 进行 CBD 定量分析。

4.2.3.5　GC - MS 检测

(1)GC - MS 检测条件

色谱条件:色谱柱:30 m × 0.25 mm × 0.25 μm;载气:He(99.999%),流速 1.0 mL/min;进样口温度 250 ℃;升温程序:初始温度 60 ℃,保持 5 min,以 4 ℃/min 升温至 220 ℃,保持 5 min,以 10 ℃/min 升温至 300 ℃,保持 5 min;进样量 0.5 μL;分流比 20∶1。

质谱条件:EI 离子源温度 150 ℃;接口温度 230 ℃;扫描范围(m/z) 50 ~ 550。

(2)保留指数(RI)的测定

将正构烷烃作为标准物质单独进样,进样量 0.1 μL,分流比 100∶1,升温程序与待测样品一致。

(3)数据处理

将 GC - MS 收集的各化合物质谱图与 NIST14.0 标准谱库进行比对,根据 RI 和 MS 谱图对化合物进行定性,选取匹配度大于 80% 的结果,并与相关文献结果进行对比,利用峰面积归一法计算各化学成分的相对含量。RI 计算公式如式(4-2)所示:

$$RI = 100\left[n + \frac{\lg t'(i) - \lg t'(n)}{\lg t'(n+1) - \lg t'(n)}\right] \qquad (4-2)$$

其中,n 为碳原子的个数;$t'(i)$ 为待测组分的调整保留时间,min;$t'(n)$ 为具有 n 个碳原子的正构烷烃的调整保留时间,min;$t'(n+1)$ 为具有 $n+1$ 个碳原子的正构烷烃的调整保留时间,min。

4.2.3.6 数据统计与分析

所有实验均重复 3 次,取平均值及标准偏差作为最终的实验数据,用 Origin 9.1 及 SPSS 20.0 软件处理数据。

4.2.4 结果与讨论

4.2.4.1 前处理结果分析

采用 HD 法从新鲜汉麻叶中提取挥发油,并对其主要成分进行 GC – MS 分析,其总离子流图如图 4 – 2 所示。汉麻挥发油的主要成分如图所示,主要包括 β – 石竹烯、红没药醇、CBD、α – 葎草烯、α – 红没药烯、β – 红没药烯、α – 金合欢烯、氧化石竹烯以及极少量的 THC,其中含量最高的是 β – 石竹烯。

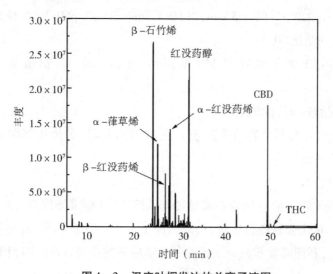

图 4 – 2　汉麻叶挥发油的总离子流图

（1）干燥（贮存）方式对汉麻挥发油得率及成分的影响

干燥（贮存）方式对汉麻挥发油得率及成分的影响如表 4 - 4 所示。不同干燥方式汉麻挥发油的总离子流图如图 4 - 3 所示。从挥发油得率来看，原料的干燥过程会明显降低挥发油得率，冷藏和冷冻都能较好地保持挥发油得率。从主要成分来看，阴干后得到的汉麻挥发油中 CBD 相对含量最多，这是由于阴干时间较长，一些挥发性成分损失较大，如红没药醇在新鲜汉麻叶挥发油中的含量为 22.65%，而经过干燥后，其含量明显下降至 16.73%，使得其他成分相对含量增加。晒干也同样会使红没药醇含量下降，但是从总离子流图来看，晒干因为干燥时间较短，还保留了较多蒎烯类成分。THC 成分均未检出。

从冷藏 7 天的总离子流图来看，冷藏过程会损失较多的成分，成分数量锐减，但是对红没药醇的保留度较好。冷冻 10 天和冷冻 60 天的成分变化很小，红没药醇保留度介于冷藏和干燥之间，且汉麻挥发油得率可观。因此，冷冻贮存新鲜的汉麻叶也是一种较好的保存方式。

表 4 - 4　干燥（贮存）方式对汉麻挥发油得率及成分的影响

干燥（贮存）方式	成分数量	挥发油得率	主要成分相对含量（%）				
			CBD	THC	β - 石竹烯	红没药醇	α - 红没药烯	α - 葎草烯
鲜叶	35	0.42	9.98	—	21.05	22.65	7.97	7.17
阴干	32	0.34	11.50	—	29.13	16.73	10.10	9.23
晒干	33	0.30	7.60	—	26.44	18.88	10.20	8.23
冷藏 7 天	23	0.37	8.37	—	31.12	23.09	9.79	9.79
冷冻 10 天	29	0.39	9.27	—	27.04	20.40	10.15	8.51
冷冻 60 天	30	0.36	9.10	—	27.22	20.24	10.29	9.87

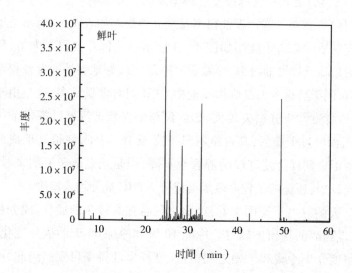

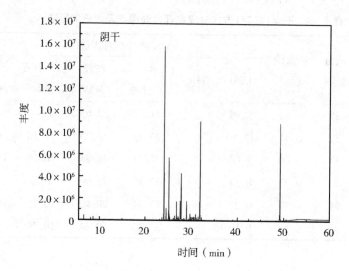

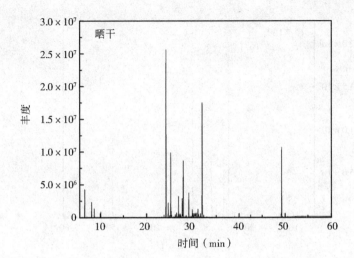

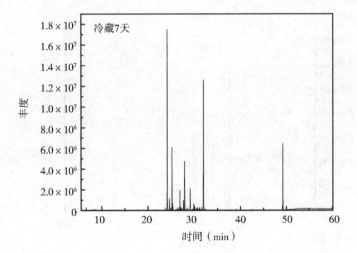

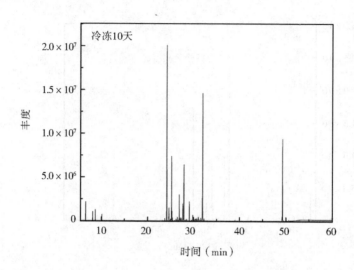

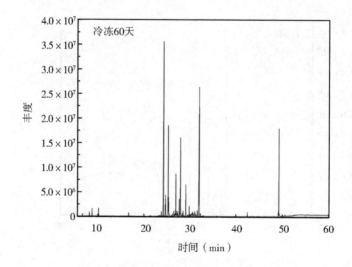

图 4-3 不同干燥方式汉麻挥发油的总离子流图

(2)破碎方式对汉麻挥发油得率及成分的影响

破碎方式对汉麻挥发油得率及成分的影响如表 4-5 所示。不同破碎方式汉麻挥发油的总离子流图如图 4-4 所示。从挥发油得率来看,剪碎和打碎方式挥发油的得率相近,明显高于整叶和磨碎,但是剪碎人工成本较高。因此,用搅拌机打碎更为快捷。从挥发油成分数量来看,剪碎与打碎方式相近,略高于整叶,而磨碎会损失更多的成分。从主要成分变化来看,磨碎因为处理温度较高,所以会使易挥发的红没药醇大量损失,CBD 的含量也有所减少。

表 4 - 5　破碎方式对汉麻挥发油得率及成分的影响

破碎方式	成分数量	挥发油得率	主要成分相对含量(%)					
			CBD	THC	β-石竹烯	红没药醇	α-红没药烯	α-葎草烯
整叶未破碎	30	0.34	12.63	—	26.37	15.98	10.18	9.04
剪碎	34	0.41	12.97	—	23.28	22.58	9.44	7.79
阴干磨碎	25	0.22	6.29	—	32.84	18.32	13.67	9.34
阴干剪碎	33	0.34	11.84	—	28.73	16.37	10.10	9.23
打碎	32	0.42	15.69	—	31.12	23.09	9.79	9.79

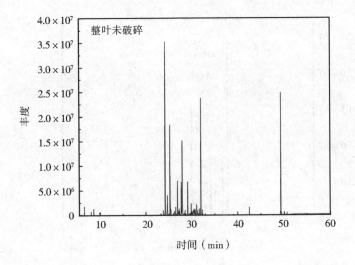

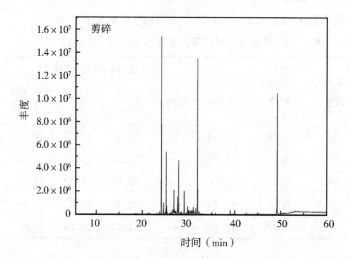

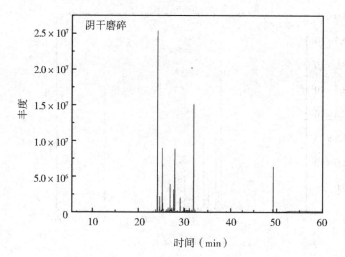

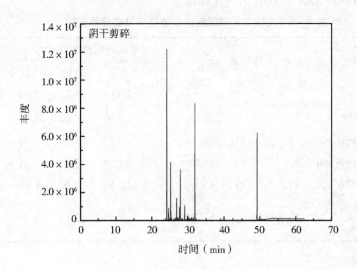

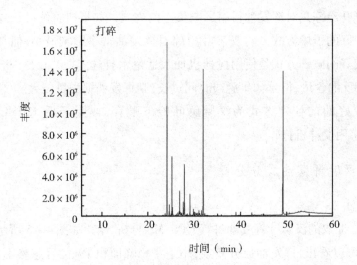

图 4 - 4　不同破碎方式汉麻挥发油的总离子流图

（3）脱羧方式对汉麻挥发油得率及成分的影响

脱羧方式对汉麻挥发油得率及成分的影响如表 4 - 6 所示。从表中可以看出,脱羧过程对挥发油得率有一定影响,在 120 ℃时,随着加热时间的延长,挥发油得率减少。脱羧过程会使 CBD 的相对含量增加,其中以鲜叶 120 ℃加热 6 min的脱羧方式,挥发油中 CBD 的相对含量最高,达到16.28% ,但是由于加热时间较长,所以挥发油中 THC 的含量增加。

表 4-6　脱羧方式对汉麻挥发油得率及成分的影响

脱羧方式	成分数量	挥发油得率	主要成分相对含量(%)					
			CBD	THC	β-石竹烯	红没药醇	α-红没药烯	α-葎草烯
鲜叶未脱羧	35	0.42	9.98	—	21.05	22.65	7.97	7.17
鲜叶 120 ℃加热 3 min	26	0.37	10.51	—	30.25	18.26	9.78	9.76
鲜叶 120 ℃加热 6 min	30	0.35	16.28	0.26	23.28	20.94	7.27	8.51
阴干 120 ℃加热 6 min	23	0.34	13.60	—	23.82	27.60	8.69	8.25
冷冻 7 天后 120 ℃加热 6 min	30	0.42	11.12	—	25.77	24.13	8.67	8.76

(4)小结

对汉麻叶的前处理方式进行了考察,实验结果表明,汉麻鲜叶的挥发油得率最高,将鲜叶冷冻是对挥发油得率影响最小的方式。如果要将鲜叶干燥后贮存,阴干是较好的干燥方式。将汉麻叶剪碎对挥发油得率影响最小,但是耗费人工较多,较好的破碎方式是使用搅拌机加入适量水打碎。120 ℃脱羧会增加挥发油中 CBD 的含量,但是如果脱羧时间过长,则挥发油损失量较大。

因此,较好的前处理方式为汉麻鲜叶冷冻贮存,或阴干后 120 ℃脱羧3 min,再加水用搅拌机打碎。

4.2.4.2　汉麻挥发油成分分析

(1)HD 法

对 HD 法提取的汉麻叶挥发油进行 GC-MS 分析,结果如图 4-5 所示。从总离子流图可以看出,挥发油成分复杂,小于主峰峰面积 1% 的峰忽略不计,得到 36 个组分,通过与 GC-MS 谱库的对比及 RI 值与文献的比对,鉴定出其中32 个组分,占峰面积的 95.63%。

汉麻挥发油的化学成分和相对含量如表 4-7 所示。从表中可以看出,HD法得到的汉麻叶挥发油中含有烃类和醇类等多种物质,其中含量较高的是红没药醇(23.11%)、β-石竹烯(21.65%)、CBD(9.84%)、α-没药烯(7.78%)、α-石竹烯(7.32%)和 β-没药烯(4.68%)。

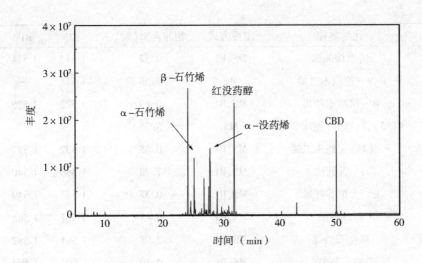

图 4 - 5　汉麻叶挥发油的总离子流图（HD 法）

表 4 - 7　汉麻叶挥发油的化学成分及相对含量（HD 法）

序号	化学名称	定性方式	相对含量(%)	RIª	RIᵇ
1	α - 蒎烯	MS, RI	0.85	932	936
2	(-) - β - 蒎烯	MS, RI	0.39	977	980
3	月桂烯	MS, RI	0.31	991	992
4	(+) - 柠檬烯	MS, RI	0.14	1 031	1 030
5	(-) - 异丁香烯	MS, RI	0.28	1 406	1 408
6	β - 石竹烯	MS, RI	21.65	1 419	1 418
7	γ - 榄香烯	MS	0.94	1 431	—
8	(E) - α - 香柑油烯	MS, RI	1.61	1 438	1 439
9	α - 石竹烯	MS, RI	7.32	1 456	1 456
10	β - 金合欢烯	MS, RI	1.58	1 458	1 459
11	2 - epi - (E) - β - 石竹烯	MS	0.67	1 463	—
12	γ - 摩勒烯	MS, RI	0.28	1 475	1 474
13	β - 瑟林烯	MS, RI	0.49	1 480	1 481
14	β - 没药烯	MS, RI	4.68	1 507	1 506

续表

序号	化学名称	定性方式	相对含量(%)	RIa	RIb
15	倍半桉油脑	MS,RI	0.52	1 513	1 514
16	3,9 – 愈创木二烯	MS	0.58	1 518	—
17	β – 倍半水芹烯	MS,RI	0.69	1 522	1 525
18	4(15),7(11) – 蛇床二烯	MS	3.55	1 527	—
19	3,7(11) – 蛇床二烯	MS,RI	0.45	1 532	1 532
20	α – 没药烯	MS,RI	7.78	1 540	1 540
21	β – 大根香叶烯	MS,RI	0.37	1 551	1 549
22	游离萘酚	MS,RI	0.47	1 561	1 565
23	氧化石竹烯	MS,RI	2.98	1 581	1 582
24	喇叭茶醇	MS,RI	0.19	1 601	1 602
25	葎草烯环氧化物	MS,RI	1.17	1 610	1 608
26	(+) –4(12),8(13) – 5β – 石竹烯醇	MS,RI	0.25	1 645	1 644
27	epi – α – 红没药醇	MS	1.15	1 678	—
28	红没药醇	MS,RI	23.11	1 688	1 685
29	刺柏脑	MS,RI	0.56	1 704	1 709
30	植物醇	MS,RI	0.35	2 122	2 122
31	CBD	MS,RI	9.84	2 427	2 430
32	大麻色原烯	MS,RI	0.23	2 441	2 440
	鉴定比例(%)		95.63		
	挥发油得率(%)		0.40		

注:a 为 HP –5MS 线性保留指数,根据 $C_8 \sim C_{30}$ 正构烷烃计算;

b 来自 NIST Chemistry WebBook 及文献。

(2)SD 法

对 SD 法提取的汉麻叶挥发油进行 GC – MS 分析,结果如图 4 – 6 所示。从总离子流图可以看出,挥发油成分复杂,小于主峰峰面积 1% 的峰忽略不计,得到 33 个组分,通过与 GC – MS 谱库的对比及 RI 值与文献的比对,鉴定出其中 29 个组分,占峰面积的 96.41%。

汉麻挥发油的化学成分和相对含量如表 4 - 8 所示。从表中可以看出,SD 法得到的汉麻叶挥发油中含量较高的是 β - 石竹烯(29.47%)、α - 没药烯(15.27%)、红没药醇(12.86%)、α - 石竹烯(9.89%)和 β - 没药烯(6.13%)。从主要成分来看,与 HD 法相近,但是 SD 法得到的汉麻叶挥发油中 CBD 含量明显下降,只有 1.91%。可见,SD 法不易得到 CBD 含量较高的汉麻挥发油。

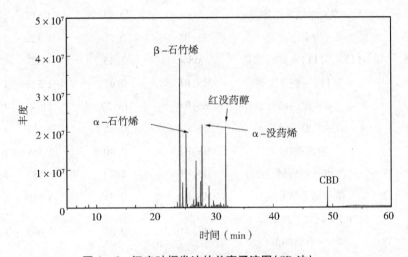

图 4 - 6　汉麻叶挥发油的总离子流图(SD 法)

表 4 - 8　汉麻叶挥发油的化学成分及相对含量(SD 法)

序号	化学名称	定性方式	相对含量(%)	RI^a	RI^b
1	α - 蒎烯	MS,RI	0.28	932	936
2	(-) - β - 蒎烯	MS,RI	0.22	977	980
3	月桂烯	MS,RI	0.39	991	992
4	(+) - 柠檬烯	MS,RI	0.31	1 031	1 030
5	(-) - 异丁香烯	MS,RI	0.67	1 406	1 408
6	β - 石竹烯	MS,RI	29.47	1 419	1 418
7	γ - 榄香烯	MS	0.56	1 431	—
8	(E) - α - 香柑油烯	MS,RI	3.08	1 438	1 439
9	α - 石竹烯	MS,RI	9.89	1 456	1 456
10	β - 金合欢烯	MS,RI	2.24	1 458	1 459
11	2 - epi - (E) - β - 石竹烯	MS	0.20	1 463	—

续表

序号	化学名称	定性方式	相对含量(%)	RI[a]	RI[b]
12	β-瑟林烯	MS,RI	0.53	1 480	1 481
13	α-瑟林烯	MS,RI	0.95	1 486	1 489
14	β-没药烯	MS,RI	6.13	1 507	1 506
15	倍半桉油脑	MS,RI	1.15	1 513	1 514
16	3,9-愈创木二烯	MS	0.53	1 518	—
17	β-倍半水芹烯	MS,RI	0.78	1 522	1 525
18	4(15),7(11)-蛇床二烯	MS	3.15	1 527	—
19	3,7(11)-蛇床二烯	MS,RI	0.45	1 532	1 532
20	α-没药烯	MS,RI	15.27	1 540	1 540
21	β-大根香叶烯	MS,RI	0.15	1 551	1 549
22	游离萘酚	MS,RI	0.40	1 561	1 565
23	氧化石竹烯	MS,RI	2.73	1 581	1 582
24	葎草烯环氧化物	MS,RI	0.95	1 610	1 608
25	(+)-4(12),8(13)-5β-石竹烯醇	MS,RI	0.32	1 645	1 644
26	epi-α-红没药醇	MS	0.55	1 678	—
27	红没药醇	MS,RI	12.86	1 688	1 685
28	刺柏脑	MS,RI	0.29	1 704	1 709
29	CBD	MS,RI	1.91	2 427	2 430
	鉴定比例(%)		96.41		
	挥发油得率(%)		0.36		

注:[a]为 HP-5MS 线性保留指数,根据 $C_8 \sim C_{30}$ 正构烷烃计算;

　　[b]来自 NIST Chemistry WebBook 及文献。

(3)SDE 法

对 SDE 法提取的汉麻叶挥发油进行 GC-MS 分析,结果如图 4-7 所示。从总离子流图可以看出,挥发油成分复杂,小于主峰峰面积 1% 的峰忽略不计,得到 35 个组分,通过与 GC-MS 谱库的对比及 RI 值与文献的比对,鉴定出其中 28 个组分,占峰面积的 91.36%。

汉麻挥发油的化学成分和相对含量如表 4-9 所示。从表中可以看出,SDE

法得到的汉麻叶挥发油中含量较高的是 β–石竹烯(26.27%)、红没药醇 (19.76%)、α–没药烯(9.91%)、α–石竹烯(8.36%)和CBD(6.76%)。从主 要成分来看,与其他提取方法相近,但是SDE法得到的汉麻叶挥发油中含有相 对较多的蒎烯类成分。

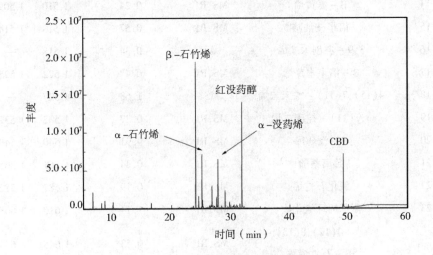

图4–7 汉麻叶挥发油的总离子流图(SDE法)

表4–9 汉麻叶挥发油的化学成分及相对含量(SDE法)

序号	化学名称	定性方式	相对含量(%)	RI^a	RI^b
1	α–蒎烯	MS,RI	2.37	932	936
2	(–)–β–蒎烯	MS,RI	0.87	977	980
3	月桂烯	MS,RI	1.16	991	992
4	(+)–柠檬烯	MS,RI	0.95	1 031	1 030
5	(–)–异丁香烯	MS,RI	0.36	1 406	1 408
6	β–石竹烯	MS,RI	26.27	1 419	1 418
7	γ–榄香烯	MS	1.87	1 431	—
8	α–石竹烯	MS,RI	8.36	1 456	1 456
9	β–金合欢烯	MS,RI	1.25	1 458	1 459
10	2–epi–(E)–β–石竹烯	MS	0.37	1 463	—
11	β–瑟林烯	MS,RI	0.29	1 480	1 481

续表

序号	化学名称	定性方式	相对含量(%)	RI[a]	RI[b]
12	α - 瑟林烯	MS,RI	0.48	1 486	1 489
13	β - 没药烯	MS,RI	3.61	1 507	1 506
14	β - 姜黄烯	MS,RI	0.24	1 510	1 509
15	倍半桉油脑	MS,RI	0.57	1 513	1 514
16	3,9 - 愈创木二烯	MS	0.34	1 518	—
17	β - 倍半水芹烯	MS,RI	0.47	1 522	1 525
18	4(15),7(11) - 蛇床二烯	MS	1.68	1 527	—
19	3,7(11) - 蛇床二烯	MS,RI	0.27	1 532	1 532
20	α - 没药烯	MS,RI	9.91	1 540	1 540
21	游离萘酚	MS,RI	0.34	1 561	1 565
22	氧化石竹烯	MS,RI	0.19	1 581	1 582
23	葎草烯环氧化物	MS,RI	1.14	1 610	1 608
24	(+) - 4(12),8(13) - 5β - 石竹烯醇	MS,RI	0.53	1 645	1 644
25	epi - α - 红没药醇	MS	0.59	1 678	—
26	红没药醇	MS,RI	19.76	1 688	1 685
27	刺柏脑	MS,RI	0.36	1 704	1 709
28	CBD	MS,RI	6.76	2 427	2 430
	鉴定比例(%)		91.36		
	挥发油得率(%)		0.33		

注:[a]为 HP - 5MS 线性保留指数,根据 $C_8 \sim C_{30}$ 正构烷烃计算;

[b]来自 NIST Chemistry WebBook 及文献。

对 3 种提取方法得到的汉麻挥发油的得率、峰面积比率和主要成分含量进行了比较,结果如表 4 - 10 和图 4 - 8 所示。从表中可以看出,3 种不同提取方法得到的挥发油成分鉴定比例均大于 90%,得率略有不同,其中 HD 法得到的汉麻挥发油得率最高,其次是 SD 法和 SDE 法。由于 SDE 法在提取挥发油的过程中使用了溶剂,因此,在除去溶剂的过程中会造成部分挥发油成分挥发,使得率降低。在 3 种提取方法中,SD 法和 HD 法不使用溶剂,较为绿色,而且 HD 法得率略高。

表 4－10　3 种提取方法得到的汉麻挥发油的得率及峰面积比率

提取方法	得率（%）	峰面积比率（%）
SD 法	0.36	96.41
HD 法	0.40	95.63
SDE 法	0.33	91.36

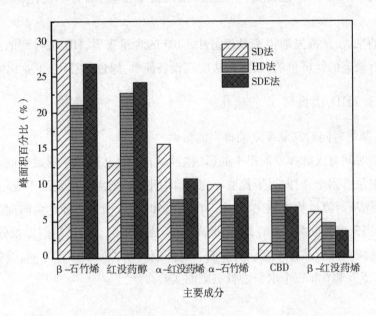

图 4－8　3 种提取方法得到的汉麻挥发油的主要成分含量对比

从图中可以看出,汉麻挥发油的主要成分均为图中所示的6种,但是含量有所不同。SD法得到含量最多的β-石竹烯,但是得到较少的红没药醇及CBD;HD法得到含量最多的CBD,较少的α-红没药烯和α-石竹烯;SDE法得到含量最多的红没药醇,较少的β-红没药烯。

(4)小结

本章对HD法、SD法及SDE法得到的汉麻挥发油进行了成分分析及鉴定。不同提取方法得到的挥发油的组成成分及相对含量有所不同,挥发油成分鉴定比例均大于90%,HD法得到的汉麻挥发油得率最高,而且不使用溶剂,较为绿色。

总的来说,从挥发油得率及组分中CBD的含量来看,HD法得到的汉麻挥发油具有较高的经济价值,而且该法所需设备简单,绿色,更适合工业化生产。

4.2.4.3　HD法提取工艺优化

(1)蒸馏时间对汉麻挥发油得率的影响

蒸馏时间对汉麻挥发油得率的影响结果如图4-9所示。蒸馏时间决定粗油的提取是否完全,时间过短提取不完全,时间过长则由于挥发油不稳定、易挥发,而在循环回流过程中氧化、损失。由图可知,挥发油得率随蒸馏时间的延长而升高,当蒸馏时间为5 h时,得率最高,之后逐渐下降。通过组间方差分析,确定蒸馏时间对挥发油得率有显著影响。以蒸馏时间为影响因素之一,选择蒸馏时间4 h、5 h和6 h三个水平进行响应面实验设计。

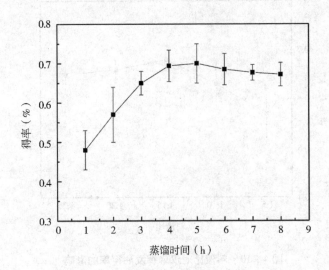

图4-9 蒸馏时间对汉麻挥发油得率的影响

（2）料液比对汉麻挥发油得率的影响

料液比对汉麻挥发油得率的影响结果如图4-10所示。当料液比从1∶5下降到1∶15时，挥发油得率明显升高，料液比小于1∶15后，挥发油得率下降。当溶剂过少时，不能充分馏出挥发油，当溶剂过多时，加热所需能耗更大，提取时间更长，所以在相同的提取时间内，挥发油得率降低。通过组间方差分析，确定料液比对挥发油得率有显著影响。以料液比为影响因素之一，选择1∶10、1∶15和1∶20三个水平进行响应面实验设计。

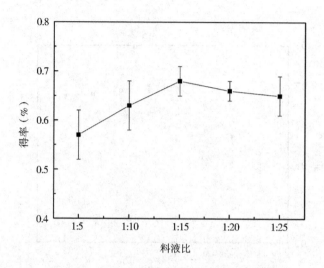

图4-10　料液比对汉麻挥发油得率的影响

（3）浸泡时间对汉麻挥发油得率的影响

浸泡时间对汉麻挥发油得率的影响结果如图4-11所示。由结果可以看出，随着浸泡时间的延长，挥发油得率呈先上升后下降的趋势。在浸泡时间为4 h时，挥发油得率最高，随后开始下降。浸泡能够扩张组织细胞的间隙，加快细胞内外液的交换，促进挥发液的溶出，但是由于挥发油不稳定，会在长时间的浸泡过程中挥发，不利于之后的收集提取。通过组间方差分析，确定浸泡时间对挥发油得率有显著影响。以浸泡时间为影响因素之一，选择2 h、4 h和6 h三个水平进行响应面实验设计。

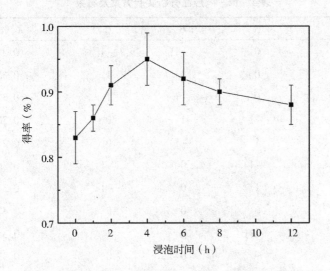

图 4 - 11　浸泡时间对汉麻挥发油得率的影响

（4）响应面优化实验参数设计

综合单因素实验结果，采用 Design Expert 8.0.5 软件的 Box - Behnken 设计三因素三水平实验。以料液比（A）、浸泡时间（B）和蒸馏时间（C）为实验因素，并确定各因素合适的水平数，以挥发油得率（X）为响应值，实验因素和水平如表 4 - 11 所示。

表 4 - 11　实验因素和水平

水平	因素		
	A 料液比	B 浸泡时间（h）	C 蒸馏时间（h）
- 1	1:10	2	4
0	1:15	4	5
1	1:20	6	6

（5）响应面分析设计及结果

利用 Design Expert 8.0.5 软件对实验进行设计，实验方案及结果如表 4 - 12 所示。

表 4 – 12　响应面分析实验方案及结果

实验号	A	B	C	$X(\%)$
1	0	-1	-1	0.31
2	0	1	1	0.35
3	0	-1	1	0.31
4	-1	1	0	0.36
5	1	-1	0	0.27
6	-1	0	-1	0.36
7	1	0	-1	0.37
8	0	0	0	0.42
9	1	0	1	0.35
10	0	0	0	0.43
11	-1	-1	0	0.28
12	0	0	0	0.44
13	0	1	-1	0.37
14	1	1	0	0.29
15	0	0	0	0.42
16	-1	0	1	0.31
17	0	0	0	0.40

(6)二次回归模型拟合及方差分析

汉麻挥发油得率的回归模型方差分析结果如表 4 – 13 所示。由表可知,回归模型 $P < 0.01$,极为显著,说明模型有意义;失拟项 $P = 0.120\ 5 > 0.05$,模型差异不显著,说明回归方程拟合较好。影响因素 B 达到显著程度,且影响汉麻挥发油得率的因素主次顺序为:$B > C > A$。模型的校正决定系数 $R^2 = 0.929\ 7$,说明此模型能解释92.97%的响应值变化,实验误差较小。

表 4-13　汉麻挥发油得率的回归模型方差分析

方差来源	平方和	自由度	均方	F 值	P 值	显著性
模型	0.044	9	4.858E-003	10.29	0.002 8	**
A	1.125E-004	1	1.125E-004	0.24	0.640 4	
B	5.000E-003	1	5.000E-003	10.59	0.014 0	*
C	1.013E-003	1	1.013E-003	2.14	0.186 5	
AB	9.000E-004	1	9.000E-004	1.91	0.209 9	
AC	2.250E-004	1	2.250E-004	0.48	0.512 2	
BC	1.000E-004	1	1.000E-004	0.21	0.659 3	
A^2	0.013	1	0.013	26.73	0.001 3	**
B^2	0.019	1	0.019	40.33	0.000 4	*
C^2	1.642E-003	1	1.642E-003	3.48	0.104 4	
残差	3.305E-003	7	4.721E-004			
失拟项	2.425E-003	3	8.083E-004	3.67	0.120 5	
纯误差	8.800E-004	4	2.200E-004			
总和	0.047	16				

$$R^2 = 0.929\ 7$$

注：* 表示 $P<0.05$ 为显著差异；** 表示 $P<0.01$ 为极显著差异。

响应面模型的残差正概率分布如图 4-12 所示。从图中可以看出，数据分散度较好，且所有点靠近同一条直线，说明模型的建立良好。模型的三维响应曲面图如图 4-13 所示。三维响应曲面图能够更直观地反映两个变量对因变量的影响，下面对应的等高线图即为响应曲面图的投影。

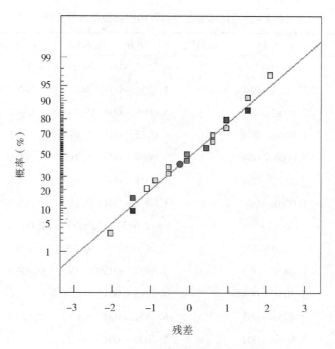

图 4-12　响应面模型的残差正概率分布

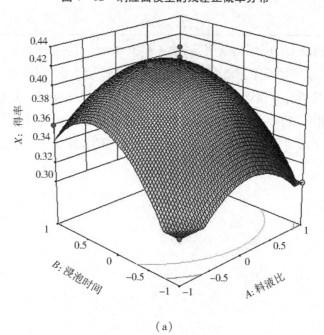

（a）

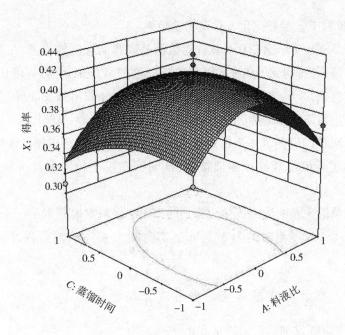

(b)

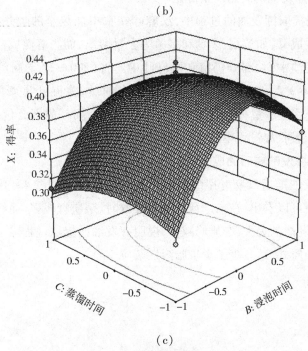

(c)

图 4 - 13　模型的三维响应曲面图

（7）提取工艺参数优化及验证实验结果

根据 Design Expert 8.0.5 软件对数据处理和响应值的预测,在本实验研究因素水平范围内,得到 HD 法提取汉麻挥发油的最佳工艺为:料液比为 1:9.6、浸泡时间为 3.58 h、蒸馏时间为 4.67 h,在此条件下汉麻挥发油得率为 0.43%。为了进一步验证模型的准确性,将最佳提取工艺修正为:料液比为 1:10、浸泡时间为 3.5 h、蒸馏时间为 4.7 h,进行 4 次重复验证实验,测得挥发油得率均值为 0.42%。实验值与理论预测值接近,证明回归模型较为准确可靠,工艺重复性好。

经过单因素及响应面优化后得到的 HD 法提取汉麻挥发油的最佳工艺为:料液比为 1:10、浸泡时间为 3.5 h、蒸馏时间为 4.7 h,测得挥发油得率均值为 0.42%。

4.2.4.4 汉麻叶提取挥发油前后成分及含量变化

（1）提取挥发油前后的质量变化

在 HD 法提取挥发油的过程中,汉麻叶在水中加热至沸腾并持续数小时,其中的水溶性成分,如黄酮、多糖和多酚等大量溶出,而脂溶性成分除了有极少部分进入挥发油中,大部分仍留在汉麻叶中。将（200 ± 1） g 新鲜的汉麻叶阴干,干重为（80 ± 2） g,经过 HD 法提取挥发油后,将湿叶重新阴干,干重为（53 ± 3） g,说明提取过程中的损耗率为 33.75%。损耗的部分包括挥发油、水溶性成分及干燥收集过程中的难收集部分。

（2）提取挥发油前后的成分变化

提取挥发油前后汉麻叶甲醇提取物的总离子流图如图 4 – 14 和图 4 – 15 所示。从图中可以看出,在未进行挥发油提取时,杂质峰较多,而经过挥发油提取后,由于挥发油的失去,杂质峰减少,说明挥发油的提取过程除了去除水中的一些可溶性杂质外,还减少了少量脂溶性杂质。

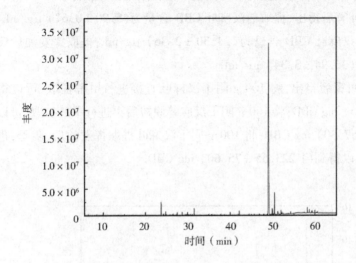

图 4 - 14　提取挥发油前汉麻叶甲醇提取物的总离子流图

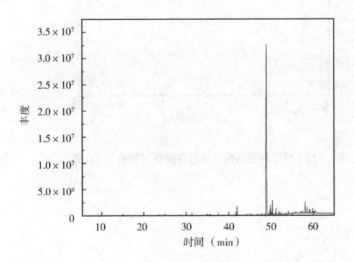

图 4 - 15　提取挥发油后汉麻叶甲醇提取物的总离子流图

（3）提取挥发油前后汉麻叶的 CBD 含量变化

对提取挥发油前后及脱羧后的汉麻叶甲醇提取物的 CBD 和 THC 含量进行了测定，HPLC 结果如图 4 - 16 至图 4 - 18 所示。对比可知，未进行挥发油提取时，样品在 5 min 前有大量的杂质峰，而经过挥发油提取后，5 min 前的杂质峰几乎消失,说明挥发油提取过程使汉麻中大量水溶性杂质得到去除。

经外标法计算后得出,提取前汉麻叶 CBD 含量为(5.90 ±0.67) μg/mL;经过脱羧处理后,汉麻叶 CBD 含量为(24.30 ±2.36) μg/mL;提取挥发油后汉麻叶 CBD 含量为(36.94 ±3.34) μg/mL。

经过重量回算后得出,将 100 g 阴干汉麻叶直接进行甲醇提取,可以得到(295.30 ± 8.80) mg CBD;将 100 g 阴干汉麻叶脱羧后再进行甲醇提取,可以得到(1 216.20 ±57.30) mg CBD;将 100 g 阴干汉麻叶提取挥发油后,阴干,再进行甲醇提取,可以得到(1 223.55 ±75.60) mg CBD。

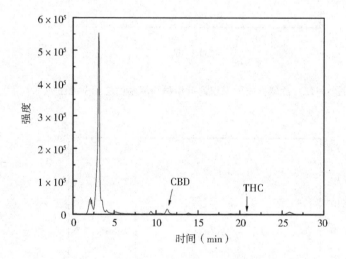

图 4 – 16　提取挥发油前汉麻叶甲醇提取物的 HPLC 图

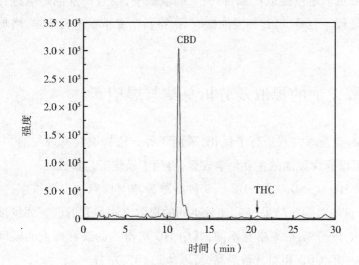

图 4 - 17　提取挥发油后汉麻叶甲醇提取物的 HPLC 图

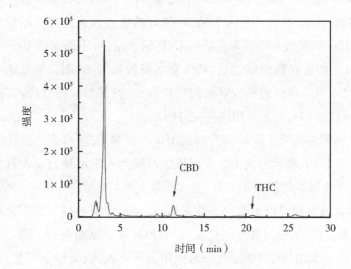

图 4 - 18　脱羧后汉麻叶甲醇提取物的 HPLC 图

（4）小结

汉麻挥发油的提取除了可以将汉麻中的挥发性成分分离出来，对于 CBD 的提取还是一个除杂的过程。由于叶片中挥发油和水溶性成分的溶出使汉麻叶片的结构发生改变，形成多孔结构，因此在后续 CBD 的提取过程中，CBD 等脂溶性成分能够更多地被提取出来,提高了提取效率,而且挥发油提取过程相当于高温脱羧过程。但是,经过挥发油提取后,物料需要重新进行干燥,增加了工艺时间。

4.3　汉麻挥发油的提取及分析总结与展望

对汉麻叶的前处理方式进行了优化,采用 3 种方法提取汉麻挥发油,利用 GC‑MS 鉴定了汉麻挥发油的主要化学成分,得到了最佳工艺参数。

(1)对比了 HD 法、SD 法及 SDE 法 3 种提取方法对汉麻挥发油得率、主要成分及 CBD 含量的影响。结果表明,3 种不同的提取方法得到的汉麻挥发油成分鉴定比例均大于 90%,得率略有不同,其中 HD 法得到的汉麻挥发油得率最高,而且挥发油中的 CBD 相对含量最高,可以达到 10% 左右。

(2)汉麻鲜叶的挥发油得率最高,将鲜叶冷冻贮存是对挥发油得率影响最小的方式。如果要将鲜叶干燥后贮存,阴干是较好的干燥方式;将汉麻叶剪碎对挥发油得率影响最小,但是耗费人工较多,较好的破碎方式是加入适量水使用搅拌机打碎;120 ℃脱羧会增加挥发油中 CBD 的含量,可由原来的 10% 提高至 16% 左右,但是如果脱羧时间过长,则挥发油损失量较大,而且挥发油中的 THC 含量也随之上升。最终得到较好的前处理方式为:汉麻鲜叶冷冻贮存,或阴干后 120 ℃脱羧 3 min,再加水用搅拌机打碎。

(3)经响应面实验优化了汉麻挥发油的 HD 法提取工艺,得到的最佳工艺参数为:料液比为 1∶10、浸泡时间为 3.5 h、蒸馏时间为 4.7 h,进行 4 次重复验证实验,测得挥发油得率均值为 0.42%,且实验重复性好。

(4)挥发油提取过程可以去除水溶性杂质,而且挥发油的提取并不会减少后续的 CBD 含量。但是,经过挥发油提取后,原料叶需要重新进行干燥。如果采用阴干方式,会大大增加工艺时间,如果采用烘干方式,则会增加工艺成本,但可同时完成对原料中 CBD 的脱羧操作。

过去,大麻挥发油中的萜烯用于辅助训练违禁药物识别犬。现如今,萜烯因具备特有的香气,可用来区分大麻的特定品系。一些挥发油萜烯可以增强大麻素的作用,同时起到放松心情、缓解压力、提升能量和保持专注力的作用,并具有潜在的药用功能。因此,越来越多的行业对将汉麻挥发油萜烯或从植物中提取的萜烯添加到汉麻全谱油和食品中表现出兴趣。但这一领域的发展可能会受到一些因素的限制。一方面，消费者对汉麻提取物的功能和安全性不是十分了解；另一方面，直接提取全谱油会损失大量的天然萜烯。因此，最具成本效益的方法是有选择地分离挥发油，并建立标准化的分析方法，再将挥发油萜烯以合适的浓度加入到全谱油中，更好地发挥协同作用。

本章综述了诸多汉麻挥发油萜烯类成分的生理活性，并对汉麻叶的前处理方式和挥发油的提取工艺进行了优化，对挥发油成分进行了分析。许多挥发油萜烯具有共同的特性，即抗炎、镇痛、抗增殖、免疫调节和神经调节等。更具体地说，即使在不同的病理背景下，这些化合物中的大多数似乎都作用于相同的靶点。虽然许多临床研究证明了挥发油的有益作用，但仍迫切需要对这些化合物进行详细的药代动力学和药效学表征。由于大麻素类物质和大麻植物似乎是治疗未治愈疾病的新希望，所以这种特殊的植物大麻素—萜类相互作用，即所谓的随从效应，应该继续被深入研究。此外，临床研究需要证实其在人体上的有效性和安全性，从而更好地为人类健康服务。

参考文献

［1］MENGHINI L, FERRANTE C, CARRADORI S, et al. Chemical and bioinformatics analyses of the anti – leishmanial and anti – oxidant activities of hemp essential oil［J］. Biomolecules, 2021, 11(2): 272.

［2］DAPORTO C, DECORTI D, NATOLINO A. Separation of aroma compounds from industrial hemp inflorescences (*Cannabis sativa* L.) by supercritical CO_2 extraction and on – line fractionation［J］. Industry Crops and Products, 2014, 58: 99 – 103.

［3］NAZ S, HANIF M A, BHATTI H N, et al. Impact of supercritical fluid extraction and traditional distillation on the isolation of aromatic compounds from *Cannabis indica* and *Cannabis sativa*［J］. Journal of Essential Oil Bearing Plants, 2017, 20(1): 175 – 184.

［4］VÁGI E, BALÁZS M, KOMÓCZI A, et al. Cannabinoids enriched extracts from industrial hemp residues［J］. Periodica Polytechnica Chemical Engineering, 2019, 63(2): 357 – 363.

［5］NAVIGLIO D, SCARANO P, CIARAVOLO M, et al. Rapid solid – liquid dynamic extraction (RSLDE): a powerful and greener alternative to the latest solid – liquid extraction techniques［J］. Foods, 2019, 8(7): 245.

［6］ROMANO L L, HAZEKAMP A. Cannabis oil: chemical evaluation of an upcoming cannabis – based medicine［J］. Cannabinoids, 2013, 1(1): 1 – 11.

［7］LEGHISSA A, HILDENBR Z L, SCHUG K A. A review of methods for the chemical characterization of cannabis natural products［J］. Journal of Separation Science, 2018, 41(1): 398 – 415.

[8] FIORINI D, MOLLE A, NABISSI M, et al. Valorizing industrial hemp (*Cannabis sativa* L.) by – products: cannabidiol enrichment in the inflorescence essential oil optimizing sample pretreatment prior to distillation [J]. Industrial Crops and Products, 2019, 128: 581 –589.

[9] MICALIZZI G, VENTO F, ALIBRANDO F, et al. *Cannabis Sativa* L. : a comprehensive review on the analytical methodologies for cannabinoids and terpenes characterization [J]. Journal of Chromatography A, 2021, 1637(5): 461864.

[10] BERTOLI A, TOZZI S, PISTELLI L, et al. Fibre hemp inflorescences: from crop – residues to essential oil production [J]. Industrial Crops and Products, 2010, 32(3): 329 –337.

[11] ASCRIZZI R, CECCARINI L, TAVARINI S, et al. Valorisation of hemp inflorescence after seed harvest: cultivation site and harvest time influence agronomic characteristics and essential oil yield and composition [J]. Industrial Crops and Products, 2019, 139: 111541.

[12] NAMDAR D, MAZUZ M, ION A, et al. Variation in the compositions of cannabinoid and terpenoids in *Cannabis sativa* derived from inflorescence position along the stem and extraction methods [J]. Industrial Crops and Products, 2018, 113: 376 –382.

[13] BENELLI G, PAVELA R, PETRELLI R, et al. The essential oil from industrial hemp (*Cannabis sativa* L.) by – products as an effective tool for insect pest management in organic crops [J]. Industrial Crops and Products, 2018, 122: 308 –315.

[14] TERNELLI M, BRIGHENTI V, ANCESCHI L, et al. Innovative methods for the preparation of medical *Cannabis* oils with a high content in both cannabinoids and terpenes [J]. Journal of Pharmaceutical and Biomedical Analysis, 2020, 186: 113296.

[15] PELLATI F, BRIGHENTI V, SPERLEA J, et al. New methods for the comprehensive analysis of bioactive compounds in *Cannabis sativa* L. (hemp) [J]. Molecules, 2018, 23(10): 2639.

[16] MARCHINI M, CHARVOZ C, DUJOURDY L, et al. Multidimensional analy-

sis of cannabis volatile constituents: identification of 5,5 - dimethyl - 1 - vinylbicyclo[2.1.1]hexane as a volatile marker of hashish, the resin of *Cannabis sativa* L. [J]. Journal of Chromatography A, 2014, 1370: 200 -215.

[17] FISCHEDICK J T, HAZEKAMP A, ERKELENS T, et al. Metabolic fingerprinting of *Cannabis sativa* L. , cannabinoids and terpenoids for chemotaxonomic and drug standardization purposes [J]. Phytochemistry, 2010, 71 (17 - 18): 2058 - 2073.

第5章　汉麻的抑菌作用

5.1　汉麻抑菌作用概述

汉麻是一种具有天然抑菌作用的植物,其中含有多酚类、黄酮类、萜类和生物碱类等大量活性化合物,是有效的抑菌物质。汉麻作物因其自身具有抑菌活性,可以在没有其他抑菌化学物质帮助的情况下生长,并且可以自己抵抗各种疾病和害虫,所以值得广泛研究。

随着现代农业的发展,化学农药已成为农业生产不可缺少的重要组成部分,但是长期使用化学农药带来了种种弊端,如有害生物抗药性的产生、毒性残留以及环境污染等,许多高毒性、高残留、持久性农药已被禁用。理想的农药应该对有害生物高效、对非靶标生物安全、农药本身易分解且分解产物对环境无害。植物源杀菌剂是指直接利用或提取植物的有效成分,按一定的方法制成具有杀菌作用的植物源制剂,它能够抑制病原菌的生长或杀死病原菌,具有高效、低毒或无毒、易降解、选择性高和不产生抗药性等优点。近年来,植物源杀菌剂作为"环境和谐农药"和"生物合理性农药"的重要组成部分,受到人们的高度关注。植物是活性化合物的天然宝库,从植物中探寻新的活性先导物或新的作用靶标进行植物源农药的开发,已经成为当前农药化学和农药毒理学的研究热点。研究发现,汉麻中的生物活性物质可抑制某些细菌和真菌的生长,因而进行汉麻有效成分的抑菌作用及抑菌机制研究,对于开发新型植物源杀菌剂具有重要的意义。

5.1.1　汉麻抑菌作用的有效成分

汉麻提取物具有一定的抑制真菌作用。Dahiya 等最早发现,汉麻提取物中的 CBD 对一些植物源真菌具有较强的抑制作用;Misra 等和 Gupta 等研究发现,汉麻的乙醇提取物能抑制黑粉菌和印度尾孢黑粉菌的孢子萌发;Pandey 等研究发现,汉麻叶水提液对青霉属、曲霉属和分支孢子菌属等 25 种真菌具有抑制作用;Rukhsana 等研究发现,汉麻的水提物能够明显抑制土曲霉、黑曲霉和米曲霉的生长,且对土曲霉的作用最为显著;杜军强研究了不同生长时期汉麻提取物对红色毛癣菌、须癣毛癣菌、犬小孢子菌和白色念珠菌的抑制作用,发现它们的抑制真菌活性与总酚类和总黄酮类化合物的含量有一定的相关性。

汉麻提取物具有一定的抑制细菌作用。李春雷等将汉麻提取物进行了分离,并鉴定出 β-谷甾醇(β-sitosterol)、肉豆蔻酸(myristic acid)、正二十四烷(tetracosane)、豆甾醇(stigmaterol-3-O-glucopyranoside)、齐墩果酸(oleanolic acid)和齐墩果烯(oleanolic alkene)6 种化学成分,其中齐墩果酸和齐墩果烯对金黄色葡萄球菌、大肠杆菌和绿脓杆菌具有明显的抑制作用。

隽惠玲等研究发现,汉麻的乙醇提取物对蜡样芽孢杆菌、金黄色葡萄球菌和枯草芽孢杆菌具有一定的抑制作用,对汉麻乙醇提取物进一步萃取分离,得到不同极性的提取物,发现极性大的提取物对 3 种细菌的抑制作用更强。通过对提取物进行 IR、MS/MS、NMR 和 UV 等检测分析,确定其中含有多种大麻酚类化合物(CBD、CBC 和 CBG 等)和有机酸类化合物(熊果酸、齐墩果酸和棕榈酸等)。

张正海等证明了汉麻叶提取物对金黄色葡萄球菌和单核细胞李斯特菌具有较好的抑制作用,并初步研究了汉麻叶的抑菌成分对金黄色葡萄球菌的抑菌机制;Ali 等对比了汉麻籽油提取物对金黄色葡萄球菌、大肠杆菌、绿脓杆菌和枯草芽孢杆菌的抑制效果,发现其对金黄色葡萄球菌的抑制作用最强;崔广东等研究了不同生长时期汉麻叶浸膏的抑菌作用,发现汉麻叶浸膏对白色念珠菌、大肠杆菌和绿脓杆菌具有一定的抑制效果;张旭等利用 SFE-CO_2 法对汉麻进行提取,同时确定了其萃取物对大肠杆菌和金黄色葡萄球菌具有一定的抑制效果;郭孟璧等从汉麻雌株花叶中分离出多糖成分,抑菌测试表明,多糖对金黄色葡萄球菌有抑菌和杀菌作用。

除了汉麻提取物中的有效成分具有抑菌作用外,汉麻内生菌中的部分菌株也具有抑菌作用。吴琼等从汉麻的花、茎和叶中分离出内生菌,并对其抑菌活性进行了测定,发现汉麻内生菌中有抑菌活性的菌株比例较高,且抑菌谱较广,对金黄色葡萄球菌、大肠杆菌和枯草芽孢杆菌均表现出一定的抑制作用。

5.1.2　汉麻抑菌作用的机理

目前,汉麻植物的抑菌作用机理尚不十分明确,多数研究推测主要与其含有的大量酚类物质有关。汉麻中的酚类化合物具有很多生物活性,它们除了止痛、促进食欲、抗呕吐和抗氧化外,还可以抑制多种微生物的繁殖,破坏多种霉菌类微生物的细胞,改变细胞膜的通透性,抑制孢子的萌发和菌丝的生长,延迟有丝分裂进程,阻碍细胞呼吸作用及细胞膨胀,加速细胞壁损坏和细胞原生质体的解体等。研究发现,微量的酚类物质就足以杀灭部分霉菌类微生物。

由于国内外尚没有对汉麻抑菌作用进行测试的标准方法,对汉麻抑菌活性和抑菌机理也没有明确的答案和更深层次的探讨,因此,用合理的方法定性、定量检测和评价汉麻植物的抑菌作用就显得尤为必要。

5.2　汉麻提取物的抑菌作用

5.2.1　研究内容及技术路线

5.2.1.1　研究内容

(1)以汉麻粗提物为研究对象,对其抗植物病原菌菌株进行筛选,得到目标植物病原菌;

(2)以筛选出的大豆疫霉病菌(*Phytophthora sojae*)、小麦赤霉病菌(*Fusarium graminearum*)和玉米小斑病菌(*Bipolaris maydis*)3 种植物病原菌为供试对象,测试汉麻提取物对植物病原菌的抑制作用,对其有效成分进行分离和纯化,鉴定其化学成分及含量,探讨化学成分与抑菌作用的关系。

(3)研究汉麻植株中不同组织部位的萃取物对以上 3 种植物病原菌的抑制作用,并确定最佳抑菌浓度。

5.2.1.2　技术路线

实验技术路线如图 5 – 1 所示。

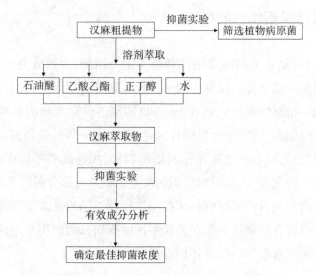

图 5 – 1　汉麻提取物抑菌实验技术路线图

5.2.2　仪器、试剂与材料

实验中用到的主要仪器和设备如表 5 – 1 所示。

表 5 – 1　主要仪器和设备

仪器和设备	型号
旋转蒸发仪	HAD – E – 201D
离心机	SS600
真空干燥箱	DZF – 6021
电子分析天平	BS110s
无菌超净工作台	BioX2266
微生物培养箱	BF240

实验中用到的主要试剂和药品如表 5 - 2 所示,其他未列出的与 3.2.2 节相同。

表 5 - 2 主要试剂和药品

试剂和药品	规格
95% 乙醇	分析纯
正丁醇	分析纯
亚硝酸钠	分析纯
硝酸铝	分析纯
氢氧化钠	分析纯
碳酸钠	分析纯
芦丁标准品	≥98%
没食子酸标准品	≥98%
琼脂粉	分析纯
葡萄糖	分析纯
福林酚	生化试剂
PDA 培养基	—
无菌水	—

实验所用植物病原菌菌种为大豆疫霉病菌(*Phytophthora sojae*)、小麦赤霉病菌(*Fusarium graminearum*)、小麦纹枯病菌(*Rhizotonia cerealis* van der Hoeven apud. Boerema & Verhoeven)、玉米大斑病菌(*Exserohilum turcicum*)、玉米小斑病菌(*Bipolaris maydis*)、水稻稻瘟病菌(*Pyricularia oryzae* Cavara)、水稻纹枯病菌(*Rhizoctonia solani* Kuhn)、杨树溃疡病菌(*Dothiorella gregaria* Sacc.)和番茄早疫病菌(*Alternaria solani*),保存于东北林业大学生命科学学院细胞生物学实验室。

5.2.3 实验方法

5.2.3.1 供试药剂的制备方法

(1)汉麻粗提物的提取

分别取汉麻的花、叶、茎和根阴干,粉碎,过 40 目筛。每份样品各称取

200 g,分别加入 500 mL 95% 乙醇溶液,−5 ℃冷浸提取 24 h,以 3 000 r/min 离心 5 min,真空抽滤,重复提取 3 次,合并滤液,40 ℃减压蒸馏,待提取液浓缩至浸膏状,取出,于 4 ℃冰箱保存,备用。

(2)萃取分离

取一定量的汉麻粗提物,加入少量 95% 乙醇溶液,40 ℃超声处理 15 min。用水悬浮后装入 2 000 mL 的分液漏斗中,分别用石油醚、乙酸乙酯和正丁醇进行等体积萃取,静置 1 h 后,如出现分层不明显的乳状物质,加入微量的氯化钠溶液,继续静置 30 min,直至萃取液明显分层。每种溶剂重复 3 次,分别得到石油醚相、乙酸乙酯相、正丁醇相和水相,减压浓缩至浸膏状,于 4 ℃冰箱保存,备用。

5.2.3.2　供试植物病原菌的培养方法

将已接种供试植物病原菌的 PDA 培养皿置于 30 ℃恒温箱中培养 2~3 d,待菌落长满整个培养皿,备用。接种方法:取布满供试植物病原菌的 PDA 培养基平板,用直径为 9 mm 打孔器取出菌落边缘生长旺盛的菌丝,用接种针将菌饼移入供试培养基平板上,菌丝一面朝下,每个培养皿中的菌饼呈三角形置于中央,然后加盖并标记,30 ℃恒温培养。取样品 0.5 mL,加到制备好的 PDA 固体培养基中,涂布均匀,并分别接种供试植物病原菌,以 0.5 mL 无菌水作对照,标记。

5.2.3.3　抑菌作用的测定方法

取一定量的汉麻提提物,分别用 95% 乙醇溶液配制成不同浓度的待测溶液,浓度分别为 2 mg/mL、4 mg/mL、6 mg/mL、8 mg/mL 和 10 mg/mL。汉麻不同组织部位的提取物对各植物病原菌的活性测定采用菌丝生长速率法,在无菌条件下,分别取不同浓度的 4 种待测溶液 1 mL,加入到 14 mL 温度为 45 ℃的 PDA 培养基中,摇匀,倒入直径为 9 cm 的灭菌培养皿中,冷却后即制得相应浓度的培养基平板;在无菌条件下,将培养好的供试植物病原菌分别接入直径 4 mm 的待测菌饼,每个菌种设 3 皿重复。以相同的方法制备相应量的 95% 乙醇培养基平板作为对照,28 ℃恒温培养 5 d,采用十字交叉法测量抑菌圈直径,观察待测样品对供试植物病原菌菌丝生长的抑制作用,记录数据并根据式(5−1)计算菌丝生长抑制率：

$$抑制率(\%) = [(对照组抑菌圈平均直径 - 菌饼直径) -$$

$$(处理组抑菌圈平均直径 - 菌饼直径)]/$$

$$(对照组抑菌圈平均直径 - 菌饼直径) \times 100\% \quad (5-1)$$

5.2.3.4　总黄酮含量的测定方法

（1）芦丁标准曲线的绘制

准确称取芦丁标准品 100 mg，溶解并定容于 500 mL 60% 乙醇溶液中，制成浓度为 0.2 mg/mL 的芦丁标准溶液，备用。使用移液枪分别移取 0 mL、0.5 mL、1.0 mL、2.0 mL、3.0 mL、4.0 mL 和 5.0 mL 的标准溶液，置于 10 mL 比色管内，加入 0.3 mL 5% 的亚硝酸钠溶液，充分混匀，静置 5 min，加入 0.3 mL 10% 的硝酸铝溶液，混匀，静置 5 min，加入 4.0 mL 4% 的氢氧化钠溶液，再用 60% 乙醇溶液定容至 10 mL，静置 15 min 后，以空白试剂作对照，用紫外 - 可见分光光度计在 510 nm 波长下测定吸光度。以芦丁浓度（C, mg/mL）为横坐标、吸光度（A）为纵坐标绘制标准曲线，得到回归方程：$A = 9.723\,9C + 0.055\,9$（$R^2 = 0.991\,4$）。在 0 ~ 100 mg/mL 范围内，芦丁浓度与吸光度呈良好的线性关系。

（2）汉麻萃取物中总黄酮含量的测定

准确移取待测液 1.0 mL 定容于 50 mL 容量瓶中，取 1.0 mL 定容液于 10 mL 比色管中，测定吸光度，重复 3 次，按式（5-2）计算总黄酮含量。

$$总黄酮含量 = \frac{(A - 0.055\,9) \times V \times 10}{9.723\,9 \times m} \quad (5-2)$$

其中：A 为样品的吸光度；V 为定容体积（mL）；10 为稀释倍数；m 为待测样品的质量（g）。

5.2.3.5　总酚含量的测定方法

（1）没食子酸标准曲线的绘制

准确称取没食子酸标准品 0.005 g，用去离子水溶解后定容至 50 mL，其质量浓度为 0.10 mg/mL。分别准确移取没食子酸标准溶液 0 mL、0.05 mL、0.10 mL、0.15 mL、0.20 mL、0.25 mL 和 0.30 mL 于 5 mL 比色管中，依次加入

1.00 mL 福林酚试剂,摇匀,保持 6 min,加入 3.00 mL 10% 的碳酸钠溶液,定容至 5 mL,于 30 ℃ 水浴反应 1 h。以空白试剂作对照,在 765 nm 波长下测定吸光度。以没食子酸浓度(C,mg/mL)为横坐标、吸光度(A)为纵坐标绘制标准曲线,得到回归方程:$A = 142.21C - 0.018\,1$($R^2 = 0.998\,6$)。在 $0 \sim 60$ mg/mL 范围内,没食子酸浓度与吸光度呈良好的线性关系。

(2)汉麻萃取物中总酚含量的测定

准确移取待测液 1.0 mL 定容于 50 mL 容量瓶中,取 1.0 mL 定容液于 5 mL 比色管中,测定吸光度,重复 3 次,按式(5 - 3)计算总酚含量。

$$总酚含量 = \frac{(A + 0.018\,1) \times V \times 50}{142.21 \times m} \qquad (5 - 3)$$

其中:A 为样品的吸光度;V 为定容体积(mL);50 为稀释倍数;m 为待测样品的质量(g)。

5.2.4 结果与讨论

5.2.4.1 植物病原菌的筛选

以汉麻叶为原料,选用乙醇作溶剂浸提,考察得到的粗提物对供试植物病原菌的抑制作用。图 5 - 2 至图 5 - 4 分别为汉麻叶粗提物对大豆疫霉病菌、小麦赤霉病菌和玉米小斑病菌的抑制作用。从图中可以看出,汉麻叶粗提物对大豆疫霉病菌、小麦赤霉病菌和玉米小斑病菌均有一定的抑制作用,最高抑制率分别可达 52.95%、67.34% 和 56.81%。

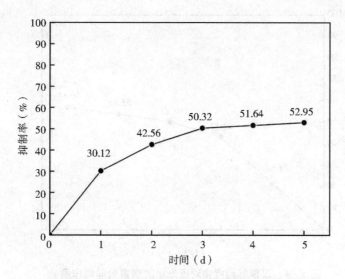

图 5 - 2　汉麻叶粗提物对大豆疫霉病菌的抑制作用

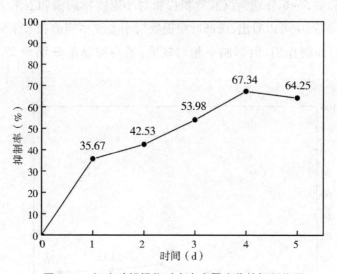

图 5 - 3　汉麻叶粗提物对小麦赤霉病菌的抑制作用

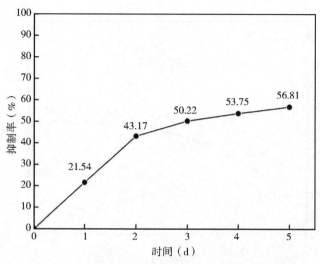

图5-4 汉麻叶粗提物对玉米小斑病菌的抑制作用

图5-5和图5-6分别为汉麻叶粗提物对小麦纹枯病菌和玉米大斑病菌的抑制作用。从图中可以看出,汉麻叶粗提物对小麦纹枯病菌和玉米大斑病菌也具有一定的抑制作用,但抑制率相对较低,最高抑制率分别为27.03%和36.23%。

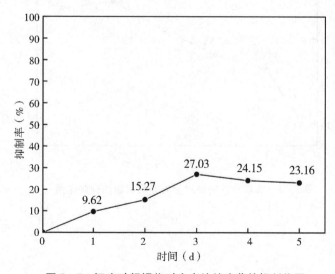

图5-5 汉麻叶粗提物对小麦纹枯病菌的抑制作用

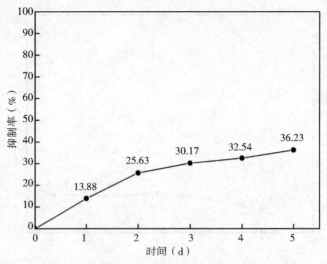

图 5 – 6　汉麻叶粗提物对玉米大斑病菌的抑制作用

图 5 – 7 至图 5 – 10 分别为汉麻叶粗提物对番茄早疫病菌、水稻稻瘟病菌、水稻纹枯病菌和杨树溃疡病菌的抑制作用。从图中可以看出,汉麻叶粗提物对番茄早疫病菌、水稻稻瘟病菌、水稻纹枯病菌和杨树溃疡病菌的抑制作用不明显,最高抑制率均低于 20% 。因此,选择抑制率在 50% 以上的大豆疫霉病菌、小麦赤霉病菌和玉米小斑病菌 3 种植物病原菌作为供试菌种进行后续抑菌实验及抑菌活性成分研究。

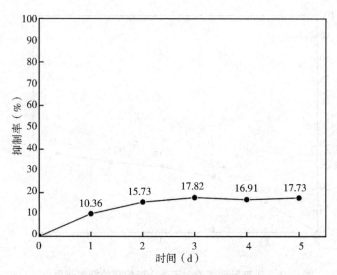

图 5 - 7　汉麻叶粗提物对番茄早疫病菌的抑制作用

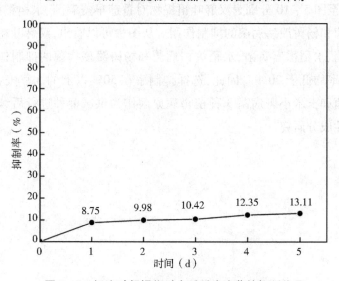

图 5 - 8　汉麻叶粗提物对水稻稻瘟病菌的抑制作用

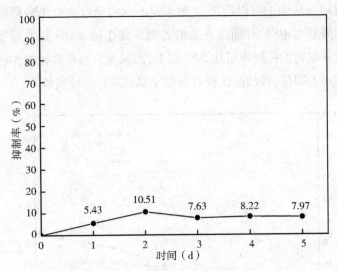

图 5 - 9　汉麻叶粗提物对水稻纹枯病菌的抑制作用

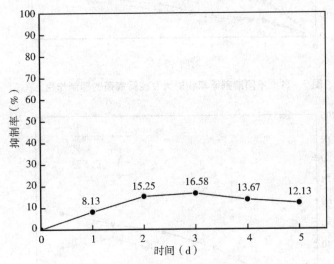

图 5 - 10　汉麻叶粗提物对杨树溃疡病菌的抑制作用

5.2.4.2　汉麻提取物的抑菌作用

(1)汉麻不同溶剂萃取物的抑菌作用

对汉麻叶粗提物的石油醚、乙酸乙酯、正丁醇和水萃取物分别进行抑菌实验,它们对大豆疫霉病菌、小麦赤霉病菌和玉米小斑病菌的抑制作用如图 5 - 11

至图 5 – 13 所示。从图中可以看出,4 种不同溶剂的萃取物对 3 种植物病原菌的抑制作用趋势基本相同:石油醚 > 乙酸乙酯 > 正丁醇 > 水,其中石油醚萃取物和乙酸乙酯萃取物的抑制率可达 50% 以上,而其他溶剂萃取物对 3 种植物病原菌的抑制作用不明显。因此,选择石油醚萃取物进行后续实验。

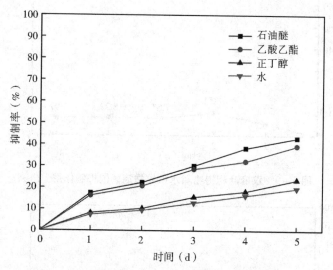

图 5 – 11　不同溶剂萃取物对大豆疫霉病菌的抑制作用

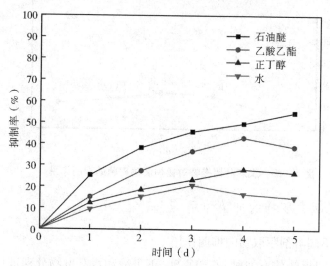

图 5 – 12　不同溶剂萃取物对小麦赤霉病菌的抑制作用

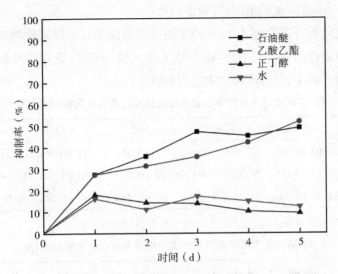

图 5 - 13　不同溶剂萃取物对玉米小斑病菌的抑制作用

（2）汉麻不同组织部位萃取物的抑菌作用

汉麻花的石油醚萃取物在不同浓度时，对 3 种植物病原菌菌丝生长的抑制作用如表 5 - 3 所示。由表 5 - 3 可以看出，汉麻花萃取物对小麦赤霉病菌的抑制作用最强，生长抑制率最大为 53.97%，其次为玉米小斑病菌，生长抑制率最大为 45.56%，对大豆疫霉病菌的抑制作用最弱，生长抑制率最大为 39.76%。同时，随着浓度（2 mg/mL ~ 8 mg/mL）的增加，汉麻花萃取物对 3 种植物病原菌的抑制作用呈增强趋势，而浓度为 8 mg/mL 和 10 mg/mL 时，菌丝生长速率变化不大。

表 5 - 3　不同浓度汉麻花萃取物对植物病原菌菌丝生长抑制率（%）

供试菌种	2 mg/mL	4 mg/mL	6 mg/mL	8 mg/mL	10 mg/mL
大豆疫霉病菌	29.43 ± 0.02a	30.98 ± 0.67a	33.07 ± 1.47a	38.87 ± 1.23a	39.76 ± 1.44a
小麦赤霉病菌	35.24 ± 0.08a	37.85 ± 1.29a	40.98 ± 1.37a	53.06 ± 0.06b	53.97 ± 1.02b
玉米小斑病菌	32.11 ± 1.17a	34.58 ± 1.13a	35.71 ± 0.36a	42.97 ± 1.22b	45.56 ± 1.81b

注：相同字母表示差异不显著；不同字母表示差异显著（$P = 0.05$）。

汉麻叶、茎和根的石油醚萃取物对 3 种植物病原菌的抑制作用由大到小均为：小麦赤霉病菌 > 玉米小斑病菌 > 大豆疫霉病菌，如表 5 - 4 至表 5 - 6 所示。叶、茎和根的萃取物的浓度对 3 种植物病原菌菌丝生长的抑制作用影响与花的萃取物类似,即随着浓度的增加,抑菌作用增强。

通过对比分析可以看出,汉麻4种不同组织部位的石油醚萃取物对3种植物病原菌的抑制作用由大到小为:花 > 叶 > 茎 > 根,表明汉麻花中抑制植物病原菌的活性物质最多,汉麻茎和根中则相对较少。

表5-4　不同浓度汉麻叶萃取物对植物病原菌菌丝生长抑制率(%)

供试菌种	2 mg/mL	4 mg/mL	6 mg/mL	8 mg/mL	10 mg/mL
大豆疫霉病菌	21.62 ± 0.09a	22.43 ± 1.55a	23.71 ± 0.36a	25.71 ± 0.88a	29.71 ± 0.12a
小麦赤霉病菌	25.13 ± 1.34a	26.85 ± 0.09a	30.29 ± 0.91a	41.60 ± 1.02b	40.03 ± 0.68b
玉米小斑病菌	24.43 ± 0.06a	24.17 ± 0.08a	25.63 ± 1.25a	28.42 ± 0.07a	30.01 ± 0.02a

注:相同字母表示差异不显著,不同字母表示差异显著($P = 0.05$)。

表5-5　不同浓度汉麻茎萃取物对植物病原菌菌丝生长抑制率(%)

供试菌种	2 mg/mL	4 mg/mL	6 mg/mL	8 mg/mL	10 mg/mL
大豆疫霉病菌	18.70 ± 0.02a	19.04 ± 0.24a	20.53 ± 0.09a	22.67 ± 1.28a	24.97 ± 0.83a
小麦赤霉病菌	20.87 ± 0.70a	23.76 ± 1.09a	25.66 ± 0.07a	29.98 ± 1.02a	32.01 ± 0.06a
玉米小斑病菌	20.12 ± 0.17a	20.37 ± 1.23a	22.90 ± 0.01a	25.65 ± 1.85a	25.99 ± 1.35a

注:相同字母表示差异不显著,不同字母表示差异显著($P = 0.05$)。

表5-6　不同浓度汉麻根萃取物对植物病原菌菌丝生长抑制率(%)

供试菌种	2 mg/mL	4 mg/mL	6 mg/mL	8 mg/mL	10 mg/mL
大豆疫霉病菌	10.32 ± 1.15a	11.04 ± 1.07a	14.44 ± 1.23a	16.54 ± 0.06a	16.03 ± 0.44a
小麦赤霉病菌	17.32 ± 1.25a	18.56 ± 0.13a	19.54 ± 1.54a	23.74 ± 0.58a	23.82 ± 0.83a
玉米小斑病菌	16.65 ± 0.38a	17.54 ± 0.98a	18.66 ± 1.23a	19.12 ± 0.27a	21.07 ± 0.04a

注:相同字母表示差异不显著;不同字母表示差异显著($P = 0.05$)。

(3)抑菌活性成分分析

对汉麻萃取物中的活性成分总黄酮和总酚含量进行测定,结果如表5-7所示。不同溶剂萃取物中二者的含量各不相同,其中石油醚萃取物中总黄酮和总酚的含量最高,总黄酮含量为56.67 mg/g,总酚含量为99.14 mg/g,乙酸乙酯萃取物次之,正丁醇萃取物相对较低,水萃取物则更少,总黄酮和总酚的含量分别为5.85 mg/g 和27.67 mg/g。

由不同溶剂萃取物对3种植物病原菌的抑制作用及其有效抑菌成分的分析可知,各萃取物的抑菌作用与其含有的总黄酮类和总酚类化合物变化有较好的相关性,说明汉麻提取物中的抑菌活性成分含有黄酮类或酚类化合物。

表 5 - 7　不同溶剂萃取物的活性成分分析

	石油醚	乙酸乙酯	正丁醇	水
总黄酮含量(mg/g)	56.67 ± 1.73a	40.55 ± 2.60a	21.59 ± 1.98a	5.85 ± 0.91b
总酚含量(mg/g)	99.14 ± 4.33a	76.92 ± 3.87a	43.50 ± 3.01a	27.65 ± 0.25b

注:同一排字母不同表示差别显著(Duncan 法,$P < 0.05$,$n = 3$)。

(4)小结

①以汉麻叶粗提物为供试原料,对 9 种植物病原菌进行了抑菌实验,筛选出 3 种目标植物病原菌,即大豆疫霉病菌、小麦赤霉病菌和玉米小斑病菌。

②对汉麻粗提物进一步萃取分离得萃取物,4 种不同溶剂的萃取物对 3 种植物病原菌的抑制作用由大到小为:石油醚 > 乙酸乙酯 > 正丁醇 > 水。对汉麻不同组织部位的石油醚萃取物进行了抑菌实验,它们对大豆疫霉病菌、小麦赤霉病菌和玉米小斑病菌的抑制作用由大到小均为:花 > 叶 > 茎 > 根,表明汉麻花中抑制植物病原菌的活性物质最多,并确定其最佳抑菌浓度为 10 mg/mL。

③对比分析各抑菌成分中的总黄酮类和总酚类化合物的含量可知,不同溶剂萃取物中活性成分的含量由大到小为:石油醚 > 乙酸乙酯 > 正丁醇 > 水,这与其抑菌作用变化趋势一致,表明总黄酮和总酚含量越大,抑菌效果越好,起抑制植物病原菌作用的活性物质可能是其中的黄酮类或酚类化合物。

5.3　汉麻内生真菌的抑菌作用

5.3.1　研究内容及技术路线

5.3.1.1　研究内容

以大肠杆菌、金黄色葡萄球菌和枯草芽孢杆菌作为指示菌,研究汉麻内生真菌抑制细菌的作用;以玉米大斑病菌、水稻稻瘟 1 病菌、水稻稻瘟 BQ1 病菌、水稻稻瘟 ROH - 115 病菌和大豆疫霉病菌作为指示菌,研究汉麻内生真菌抑制植物病原真菌的作用。以期从汉麻内生菌中筛选出具有抑菌作用的优质菌种,为其进一步开发和利用提供科学依据。

5.3.1.2　技术路线

实验技术路线如图 5 - 14 所示。

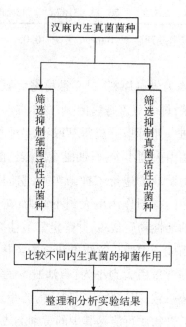

图 5 - 14　汉麻内生真菌抑菌作用研究的技术路线图

5.3.2　仪器、试剂与材料

实验中用到的主要仪器和设备如表 5 - 8 所示。

表 5 - 8　主要仪器和设备

仪器和设备	型号
植物试样粉碎机	DFT - 50A
压力蒸汽消毒器	YXQ - LS - 50S1
全温振荡器	HZQ - Q 型
无菌超净工作台	BioX2266
微生物培养箱	BF240

实验中用到的主要试剂和药品如表 5 - 9 所示。

表 5 - 9　主要试剂和药品

试剂和药品	级别
马铃薯	药用辅料级别
蔗糖	药用辅料级别
琼脂粉	药用辅料级别
胰蛋白胨	药用辅料级别
酵母提取物	药用辅料级别
生理盐水	医用级
蒸馏水	医用级

实验所需材料为:

(1)待测内生真菌

待测内生真菌分离自汉麻植株,保存于东北林业大学生命科学学院细胞生物学实验室。

(2)供试细菌

大肠杆菌(*Escherichia coli*)、金黄色葡萄球菌(*Staphyloccocus aureus*)和枯草芽孢杆菌(*Bacillus subtilis*)保存于东北林业大学生命科学学院细胞生物学实验室。

(3)供试植物病原真菌

玉米大斑病菌、水稻稻瘟 1 病菌、水稻稻瘟 BQ1 病菌、水稻稻瘟 ROH - 115 病菌和大豆疫霉病菌保存于东北林业大学生命科学学院细胞生物学实验室。

实验所需培养基为:

(1)PDA 培养基:1 L PDA 培养基需马铃薯 200 g,蔗糖 20 g,琼脂 20 g。马

铃薯去皮称重后切丝,加入适量纯水煮沸,不时搅拌防止糊锅或土豆汁外溢,将称好的蔗糖和琼脂粉置于1 L量杯中,充分煮沸的土豆汁经8层纱布滤入量杯,用玻璃棒搅拌或微波炉加热使琼脂和糖充分溶解,加入热水定容至1 L,搅匀,调节pH值至6.8,分装,121 ℃、0.1 kPa灭菌20 min。

(2)LB培养基:1 L LB培养基需胰蛋白胨10 g,氯化钠10 g,酵母提取物5 g,琼脂15 g。马铃薯去皮称重后切丝,加入适量纯水煮沸,不时搅拌防止糊锅或土豆汁外溢,将称好的胰蛋白胨、氯化钠、酵母提取物和琼脂粉置于1 L量杯中,充分煮沸的土豆汁经8层纱布滤入量杯,用玻璃棒搅拌或微波炉加热充分溶解,加入热水定容至1 L,搅匀,调节pH值至7.4,分装,121 ℃、0.1 kPa灭菌20 min。

5.3.3 实验方法

5.3.3.1 抑制细菌活性的汉麻内生真菌的筛选

(1)挑取纯化的待测内生真菌菌丝,接种于PDA平板中央,28 ℃恒温培养10 d,备用;

(2)将供试细菌在LB培养基上划线,37 ℃静置培养12 h,产生单菌落;

(3)挑取单菌落接种至LB液体培养基,37 ℃、150 r/min振荡培养12 h,用LB液体培养基稀释,制备成OD_{600}为0.15的菌悬液;

(4)吸取3种供试细菌菌悬液各50 μL,接种于LB平板上,用玻璃珠涂布均匀;

(5)用打孔器在待测内生真菌菌落边缘处打孔,制作菌饼;

(6)将内生真菌菌饼接种于含有不同供试细菌的LB平板上,37 ℃培养18 h,测量抑菌圈直径。

5.3.3.2 抑制植物病原真菌活性的汉麻内生菌的筛选

(1)挑取纯化的待测内生真菌菌丝,接种于PDA平板中央,28 ℃恒温培养5 d,备用;

(2)将供试植物病原真菌接种于PDA培养基上,28 ℃恒温培养5 d,备用;

（3）用打孔器在待测内生真菌菌落边缘处打孔,制作菌饼;

（4）将待测内生真菌菌饼接种于 PDA 培养基中央,将 4 种供试植物病原真菌接种于同一 PDA 培养基边缘(间距 3 cm),以仅接种植物病原真菌的培养基作对照,28 ℃黑暗培养 5 d;

（5）测量抑菌圈直径。

5.3.4　结果与讨论

5.3.4.1　汉麻内生真菌抑制细菌作用

以大肠杆菌、金黄色葡萄球菌和枯草芽孢杆菌作为指示菌,采用琼脂块法对 84 株汉麻内生真菌进行抑菌作用初筛,结果如图 5 - 15 至图 5 - 17 所示。从实验结果来看,汉麻内生真菌中有 59 株具有抑菌作用,占汉麻内生真菌总数的70.24%,说明汉麻内生真菌中天然存在抑制细菌生长的物质。

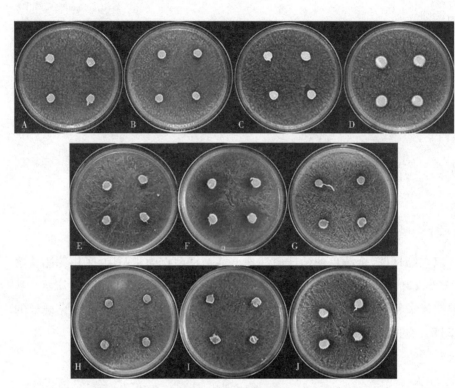

注:A:HG1;B:HG2;C:HJ1;D:HZ14;E:Y2S1 – 1;F:ZL1 – 2 – 2;
G：ZL14 – 2;H：ZS13 – 2 – 2;I:ZS22 – 1;J:HXZ16。

图 5 – 15　部分汉麻内生真菌对大肠杆菌的抑制作用

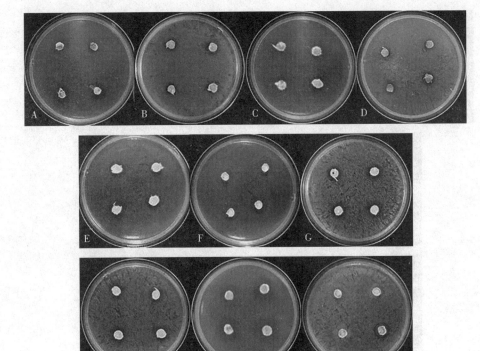

注:A:ZS22 – 1;B:ZL14 – 2;C:ZJ22 – 1;D:WDS2 – 2;E:HZ16;
F:HYZ5;G:HG2;H:HXJ1;I:ZL1 – 2 – 2;J:HXJ2。

图 5 – 16 部分汉麻内生真菌对金黄色葡萄球菌的抑制作用

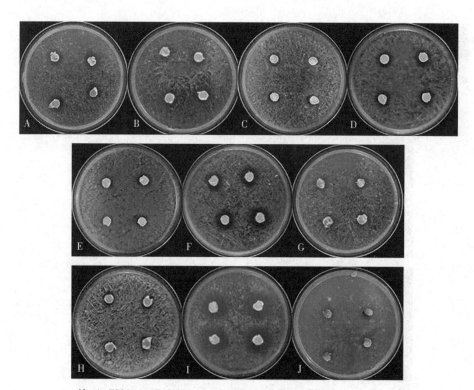

注:A:ZS22 – 1;B:Y2S1 – 1;C:HXJ2;D:HXJ1;E:HG1;F:HZ16;
G:ZL18 – 1 – 3;H:ZL14 – 2;I:ZL1 – 2 – 2;J:WDS2 – 2。

图 5 – 17　部分汉麻内生真菌对枯草芽孢杆菌的抑制作用

对 59 株汉麻内生真菌进行了抑制细菌的实验,结果如表 5 – 10 所示。19 株内生真菌对 3 种供试细菌均具有抑制作用,其中 7 株内生真菌对大肠杆菌的抑制作用较强,2 株内生真菌 HXZ1 和 HYH17 对大肠杆菌的抑菌圈直径大于 20 mm;8 株内生真菌对枯草芽孢杆菌的抑制作用较强,3 株内生真菌 HJ7、HZ5 和 WDS5 – 2 对枯草芽孢杆菌的抑菌圈直径大于 20 mm;10 株内生真菌对金黄色葡萄球菌的抑制作用较强,4 株内生真菌 HJ7、HXG2、HZ5 和 WDS6 – 1 对金黄色葡萄球菌的抑菌圈直径大于 20 mm。

2 株内生真菌对大肠杆菌和金黄色葡萄球菌具有抑制作用,对枯草芽孢杆菌无抑制作用,其中 HYH2 对大肠杆菌的抑菌圈直径较大,为 19 mm;6 株内生真菌对大肠杆菌和枯草芽孢杆菌具有抑制作用,对金黄色葡萄球菌无抑制作用;4 株内生真菌对金黄色葡萄球菌和枯草芽孢杆菌具有抑制作用,对大肠杆菌无抑制作用。

　　13 株内生真菌仅对大肠杆菌具有抑制作用,其中 3 株内生真菌对大肠杆菌的抑制作用较强,HXG5、HYH10 和 HYH14 抑菌圈直径相对较大,均为 19 mm;7 株内生真菌仅对金黄色葡萄球菌具有抑制作用;8 株内生真菌仅对枯草芽孢杆菌具有抑制作用,其中 HZ4 的抑制作用较强。

表 5 - 10　汉麻内生真菌对大肠杆菌、枯草芽孢杆菌和金黄色葡萄球菌的抑制作用

内生真菌	大肠杆菌	枯草芽孢杆菌	金黄色葡萄球菌
DE1	+ +	+ +	+ + +
DW1	+	+	+
DW2	−	+	+
DW3	+ +	+ +	+ +
DW4	+ +	+ +	+ +
HG1	+ +	−	−
HG5	+ +	+	−
HG7	+ +	−	−
HH1	+ +	+ +	−
HJ1	+ +	+	−
HJ2	+ +	+	+ +
HJ3	−	+	+
HJ4	−	−	+
HJ5	+ +	+ +	+ +
HJ6	+ +	+ +	+ +
HJ7	+ + +	+ + + +	+ + + +
HXB1	−	−	+
HXG1	+ +	+ +	+ + +
HXG2	+ + +	+ + +	+ + + +
HXG3	−	+	−
HXG4	−	+ +	−
HXG5	+ + +	−	−
HXG6	−	−	+ +
HXJ1	+ +	+ +	−

续表

内生真菌	大肠杆菌	枯草芽孢杆菌	金黄色葡萄球菌
HXJ2	+	+ +	+ + +
HXZ1	+ + + +	+ + +	+ + +
HY1	−	+ +	+
HYH10	+ + +	−	−
HYH14	+ + +	−	−
HYH15	−	+	+ +
HYH17	+ + + +	+ + +	+ + +
HYH19	−		+ +
HYH2	+ + +	−	+ + +
HYH20	+ +	−	−
HYH4	+	−	+
HYH5	−	+	−
HYH7	+ +	−	−
HYH9	+ +	−	−
HYZ1	−	+ +	−
HYZ15	+	−	−
HYZ17	+ +	−	−
HYZ18	+ +	−	−
HYZ5	+ +	−	−
HYZ9	+ +	−	−
HZ14	+ +	−	−
HZ15	+	+	+
HZ16	+ +	+ +	−
HZ4	−	+ + +	−
HZ5	+ + +	+ + + +	+ + + +
HZ9	−	+ +	−
RWD – R1	+	+	−
SY2S2 – 1	−	−	+ +

续表

内生真菌	大肠杆菌	枯草芽孢杆菌	金黄色葡萄球菌
WDL2	+ +	+ + +	+ + +
WDS2 – 1	–	–	+ +
WDS2 – 2	–	+ +	–
WDS4	–	–	+ +
WDS5 – 1	–	+ +	–
WDS5 – 2	+ + +	+ + + +	+ +
WDS6 – 1	+ + +	+ + + +	+ + + +

注：－:抑制率 $p \leqslant 10\%$ 表示无抑制作用；＋:$10\% < p \leqslant 30\%$ 表示抑制作用较弱；

　　＋＋:$30\% < p \leqslant 50\%$ 表示抑制作用中等；＋＋＋:$50\% < p \geqslant 70\%$,表示抑制

　　作用较强；＋＋＋＋:$p > 70\%$ 表示抑制作用强。

5.3.4.2　汉麻内生真菌抑制植物病原真菌作用

以玉米大斑病菌、水稻稻瘟 1 病菌、水稻稻瘟 BQ1 病菌、水稻稻瘟 ROH –
115 病菌和大豆疫霉病菌作为指示菌,采用 PDA 平板对峙培养法对 75 株生长
量较大的汉麻内生真菌进行抑菌作用初筛,结果如图 5 – 18 至图 5 – 22 所示。
汉麻内生真菌中有 61 株具有抑制植物病原真菌的作用,占汉麻内生真菌总数
的 81.33%,说明汉麻内生真菌中天然存在抑制真菌生长的物质。

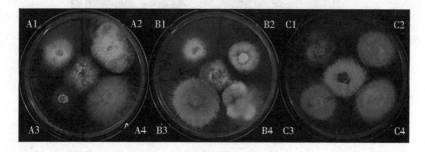

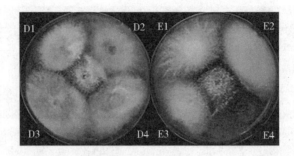

注：A1：HZ16；A2：HZ14；A3：HXJ6；A4：HYZ18；B1：HZ15；B2：HYZ14；B3：HYZ19；

B4：HYZ8；C1：HZ13；C2：HZ3；C3：HZ6；C4：HZ7；D1：HYZ13；D2：HZ8；D3：HZ12；

D4：HZ9；E1：HG3；E2：HJ6；E3：HXJ1；E4：ZS10－1－2。

图5－18　部分汉麻内生真菌对玉米大斑病菌的抑制作用

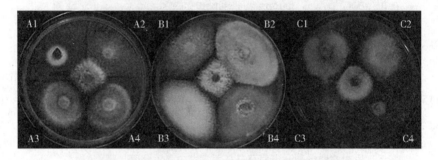

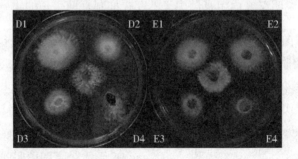

注：A1：ZS10－1－2；A2：HXJ2；A3：ZJ15－2－2；A4：ZL14－2；B1：ZS10－1－2；

B2：HXG2；B3：ZL30；B4：ZL9－2；C1：HZ10；C2：HXJ2；C3：HYH16；C4：HYH26；

D1：HG3；D2：HXJ1；D3：ZJ6；D4：ZS10－1－1；E1：HYH22；E2：HH1；

E3：HYH14；E4：HYH20。

图5－19　部分汉麻内生真菌对水稻稻瘟1病菌的抑制作用

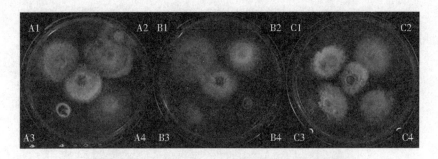

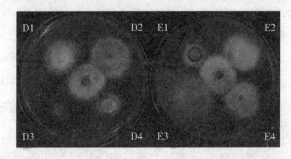

注:A1:ZL15 - 2 - 2;A2:ZL14 - 2;A3:ZS12 - 2;A4:HXJ2;B1:HZ10;B2:HYH26;
B3:HYJ2;B4:HYH16; C1:HYZ13;C2:HZ8;C3:HZ12;C4:HZ9; D1:HYH24;
D2:HYH33;D3:HYH13;D4:HYH23;E1:HYG6;E2:HZ16;E3:HZ14;E4:HYZ18。

图 5 - 20 部分汉麻内生真菌对水稻稻瘟 BQ1 病菌的抑制作用

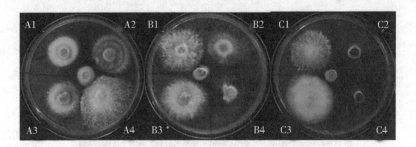

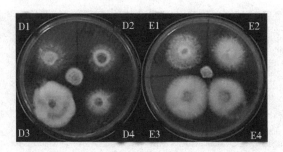

注:A1:ZJ11 − 2;A2:ZS13 − 2 − 2;A3:ZS11;A4:ZS16 − 1;B1:HYZ3;B2:HYH25;
　B3:HYH10;B4:HXG3; C1:HYZ2;C2:HYZ20;C3:HYZ7;C4:HYZ1;D1:HXZ4;
　D2:HYH6;D3:HYH8;D4:HYZ2;E1:HG1;E2:HG2;E3:HYZ4;E4:HYZ15。

图 5 − 21　部分汉麻内生真菌对水稻稻瘟 ROH − 115 病菌的抑制作用

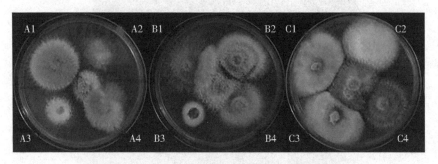

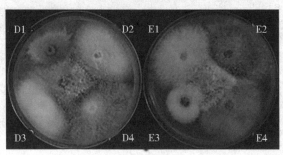

注:A1:HYZ19;A2:HYZ14;A3:HZ15;A4:HYZ8;B1:HJ7;B2:ZL14 − 2;B3:ZS12 − 2;
　B4:ZJ15 − 2 − 2; C1:ZS10 − 1 − 3;C2:HXG2;C3:ZL9 − 2;C4:ZL30; D1:ZS10 − 1 − 2;
　D2:HXJ1;D3:HG3;D4:HJ6;E1:HG3;E2:HJ6;E3:HXJ1;E4:ZS10 − 1 − 2。

图 5 − 22　部分汉麻内生真菌对大豆疫霉病菌的抑制作用

对 61 株汉麻内生真菌进行了抑制植物病原真菌的实验,结果如表 5 − 11
所示。13 株内生真菌对玉米大斑病菌具有抑制作用;37 株内生真菌对大豆疫霉东农 3 病菌具有抑制作用,其中 3 株内生真菌 HYH26、HYZ8 和 HXJ2 抑菌作用较强;46 株内生真菌对水稻稻瘟病菌具有抑制作用,其中,26 株内生真菌对水稻稻瘟 1 病菌具有抑制作用,14 株内生真菌对水稻稻瘟 BQ1 病菌具有抑制作用,6 株内生真菌对水稻稻瘟 ROH – 115 病菌具有抑制作用,1 株内生真菌 HYH24 对 3 种水稻稻瘟病菌均具有抑制作用。

7 株内生真菌对玉米大斑病菌、大豆疫霉病菌和水稻稻瘟病菌均具有抑制作用,其中,HYH24 对 5 种植物病原真菌均具有抑制作用,4 株内生真菌对玉米大斑病菌和大豆疫霉病菌具有抑制作用,对水稻稻瘟病菌无抑制作用;2 株内生真菌对玉米大斑病菌和水稻稻瘟病菌具有抑制作用,对大豆疫霉病菌无抑制作用,其中,1 株内生真菌对水稻稻瘟 1 病菌具有抑制作用,1 株内生真菌对水稻稻瘟 BQ1 病菌具有抑制作用。

16 株内生真菌对大豆疫霉病菌和水稻稻瘟病菌具有抑制作用,其中,15 株内生真菌对水稻稻瘟 1 病菌具有抑制作用,3 株内生真菌对水稻稻瘟 BQ1 病菌具有抑制作用,2 株内生真菌对水稻稻瘟 ROH – 115 病菌具有抑制作用。

1 株内生真菌 HYH31 仅对玉米大斑病菌具有抑制作用;9 株内生真菌仅对大豆疫霉病菌具有抑制作用;10 株内生真菌仅对水稻稻瘟病菌具有抑制作用,其中,5 株内生真菌对水稻稻瘟 1 病菌具有抑制作用,3 株内生真菌对水稻稻瘟 BQ1 病菌具有抑制作用,2 株内生真菌对水稻稻瘟 ROH – 115 病菌具有抑制作用。

表 5 – 11 汉麻内生真菌对 5 种植物病原真菌的抑制作用

内生真菌	玉米大斑病菌	大豆疫霉东农 3 病菌	水稻稻瘟 1 病菌	水稻稻瘟 BQ1 病菌	水稻稻瘟 ROH – 115 病菌
HG1	–	+	–	–	–
HG2	–	–	–	–	–
HG3	–	+ +	+	–	–
HH1	–	–	–	–	–
HJ1	–	+	+	–	+
HJ2	–	–	–	–	–
HJ3	–	+	–	–	–
HJ4	–	–	+	–	–

续表

内生真菌	玉米大斑病菌	大豆疫霉东农3病菌	水稻稻瘟1病菌	水稻稻瘟BQ1病菌	水稻稻瘟ROH-115病菌
HJ5	–	–	–	+	–
HJ6	–	–	–	–	+
HJ7	–	+ +	+ +	+ +	–
HXB1	–	–	–	+	–
HXG2	–	+	+	–	–
HXG3	–	+	+ +	–	–
HXG6	–	–	–	–	–
HXG7	–	–	–	–	–
HXJ1	–	+	+	+	–
HXJ2	–	+ + +	–	–	–
HXZ1	–	–	+	–	–
HXZ2	–	+ +	+	–	–
HXZ3	–	+	+ +	–	–
HXZ4	–	+ +	–	–	–
HYH10	–	–	–	–	–
HYH11	–	–	+ +	–	–
HYH13	–	+ +	+	–	–
HYH14	–	+	–	–	–
HYH15	–	–	–	–	–
HYH16	–	–	–	–	–
HYH18	+	–	+	–	–
HYH20	–	+	–	–	–
HYH22	+	+ +	+ +	+	–
HYH23	–	+	–	–	–
HYH24	+ +	+	+	+	+
HYH25	–	–	–	–	–
HYH26	–	+ + +	+	+	–

续表

内生真菌	玉米大斑病菌	大豆疫霉东农 3 病菌	水稻稻瘟 1 病菌	水稻稻瘟BQ1 病菌	水稻稻瘟ROH – 115 病菌
HYH27	+	+ +	–	–	–
HYH28	–	+	–	–	–
HYH29	–	+ +	–	–	–
HYH30	–	–	+	+	–
HYH31	+	–	–	+	–
HYH32	–	–	–	–	–
HYH33	+	+ +	–	+ +	+
HYH6	–	+	–	–	–
HYH8	–	+ +	+ +	–	–
HYH9	–	–	+	–	+
HYZ1	–	+	–	–	–
HYZ10	–	+	–	–	+
HYZ13	+	+	–	+	–
HYZ14	–	–	–	–	–
HYZ15	+	+	–	–	–
HYZ16	–	+ +	+ +	–	–
HYZ18	+	+ +	–	–	–
HYZ19	–	+ +	+	–	–
HYZ2	+ +	+ +	+ +	–	–
HYZ20	–	–	–	–	–
HYZ3	+	+	+	–	–
HYZ4	–	+	–	–	–
HYZ5	–	+	+	–	–
HYZ7	+ +	+ +	–	–	–
HYZ8	+	+ + +	–	–	–
HZ1	–	–	+	–	–

注： – :抑制率 $p \leqslant 10\%$ 表示无抑制作用；+ :$10\% < p \leqslant 30\%$ 表示抑制作用较弱；

+ + :$30\% < p \leqslant 50\%$ 表示抑制作用中等；+ + + :$p > 50\%$,表示抑制作用较强。

5.3.4.3 小结

研究了汉麻内生真菌对大肠杆菌、金黄色葡萄球菌和枯草芽孢杆菌 3 种细菌的抑制作用,对玉米大斑病菌、大豆疫霉病菌和水稻稻瘟病菌等植物病原真菌的抑制作用,以期筛选出具有抑菌作用的内生真菌,为开发新型生物药剂和生防菌剂奠定基础。

(1)以汉麻内生真菌为材料,对 3 种供试细菌(大肠杆菌、金黄色葡萄球菌和枯草芽孢杆菌)进行实验,筛选出具有抑制细菌作用的内生真菌 59 株。对大肠杆菌有较强抑制作用的内生真菌 7 株,对金黄色葡萄球菌有较强抑制作用的内生真菌 2 株,对枯草芽孢杆菌有较强抑制作用的内生真菌 8 株。19 株内生真菌对 3 种供试细菌均具有抑制作用。

(2)以汉麻内生真菌为材料,对 5 种植物病原真菌(玉米大斑病菌、大豆疫霉东农 3 病菌、水稻稻瘟 1 病菌、水稻稻瘟 BQ1 病菌和水稻稻瘟 ROH - 115 病菌)进行实验,筛选出具有抑制真菌作用的内生真菌 61 株。对玉米大斑病菌具有抑制作用的内生真菌 13 株,对大豆疫霉东农 3 病菌具有抑制作用的内生真菌 37 株,对水稻稻瘟 1 病菌具有抑制作用的内生真菌 26 株,对水稻稻瘟 BQ1 病菌具有抑制作用的内生真菌 14 株,对水稻稻瘟 ROH - 115 病菌具有抑制作用的内生真菌 6 株。7 株内生真菌对玉米大斑病菌、大豆疫霉病菌和水稻稻瘟病菌均有抑制作用,其中 HYH24 对 5 种植物病原真菌均具有抑制作用。

5.4 汉麻抑菌作用总结与展望

本章以汉麻粗提物为原料,通过抑菌实验对植物病原菌菌种进行筛选;以筛选出的大豆疫霉病菌、小麦赤霉病菌和玉米小斑病菌 3 种植物病原菌为供试菌种,测试汉麻提取物对植物病原菌的抑制作用,并分析其抑菌活性成分;研究了汉麻内生真菌对细菌和植物病原真菌的抑制作用。主要结果如下:

(1)测定汉麻粗提物对 9 种植物病原菌的抑制作用,根据得出的抑制率大小,筛选出 3 种目标植物病原菌,即大豆疫霉病菌、小麦赤霉病菌和玉米小斑病菌。

(2)对汉麻粗提物进一步萃取分离,4 种不同溶剂的萃取物对 3 种植物病原菌的抑制作用由大到小为:石油醚 > 乙酸乙酯 > 正丁醇 > 水。对比分析各抑菌成分中的总黄酮类和总酚类化合物的含量,不同溶剂萃取物中活性成分的含量由大到小为:石油醚 > 乙酸乙酯 > 正丁醇 > 水。总黄酮和总酚含量越大,抑菌作用越强,说明起抑制植物病原菌作用的活性物质可能是其中的黄酮类或酚类化合物。

(3)汉麻的不同组织部位萃取物对 3 种植物病原菌的抑制作用由大到小为:花 > 叶 > 茎 > 根。汉麻花中抑制植物病原菌的活性物质最多,其萃取物对大豆疫霉病菌、小麦赤霉病菌和玉米小斑病菌的最佳抑菌浓度为 10 mg/mL。

(4)筛选出 59 株对细菌(大肠杆菌、金黄色葡萄球菌和枯草芽孢杆菌)有抑制作用的汉麻内生真菌,61 株对真菌(玉米大斑病菌、大豆疫霉东农 3 病菌、水稻稻瘟 1 病菌、水稻稻瘟 BQ1 病菌和水稻稻瘟 ROH – 115 病菌)有抑制作用的汉麻内生真菌。

目前,对汉麻提取物抑制细菌和真菌作用的研究和评价相对较少,对其化学成分与生物活性关系的研究不够深入,活性物质的作用机制尚不十分清晰,对汉麻内生真菌的多样性调查及其抑菌作用的研究也很少。本研究对汉麻有效成分的提取、分离以及生物活性的测试,能够进一步验证此类成分的杀菌效果以及起作用的关键化合物,同时筛选出具有抑菌作用的汉麻内生真菌,为从汉麻中分离具有药用价值的内生真菌提供一定的参考,为综合利用汉麻植物以及开发新型抑菌制剂、拓宽汉麻提取物在医药和农业生产领域的高效利用提供科学依据。

参考文献

[1] 周永凯,张建春,张华. 大麻纤维的抗菌性及抗菌机制[J]. 纺织学报, 2007, 28(6): 12 – 15.

[2] NAFIS A, KASRATI A, JAMALI C A, et al. Antioxidant activity and evidence for synergism of *Cannabis sativa*(L.) essential oil with antimicrobial standards [J]. Industrial Crops and Products, 2019, 137: 396 – 400.

[3] 余登琼,杨伟,左崇宇,等. 山胡椒提取物抑菌活性及抑菌谱研究[J]. 现代医药卫生, 2019, 35(13): 1931 – 1933.

[4] 常丽,李建军,黄思齐,等. 植物大麻活性成分及其药用研究概况[J]. 生命的化学, 2018, 38(2): 273 – 280.

[5] 黄孟军,向欢,江荣高,等. 我国抗菌药使用现状及防止不合理使用应对措施[J]. 中国药师, 2017, 20(4): 732 – 735.

[6] FLEMING A. On the antibacterial action of cultures of a penicillium, with special reference to their use in the isolation of *B. influenzae*[J]. Bulletin of the World Health Organization, 2001, 79(8): 780 – 790.

[7] FARHAT H, UROOJ F, TARIQ A, et al. Evaluation of antimicrobial potential of endophytic fungi associated with healthy plants and characterization of compounds produced by endophytic *Cephalosporium* and *Fusarium solani*[J]. Biocatalysis and Agricultural Biotechnology, 2019, 18: 101043.

[8] DESHMUKH S K, AGRAWAL S, PRAKASH V, et al. Anti – infectives from mangrove endophytic fungi[J]. South African Journal of Botany, 2020, 134: 237 – 263.

[9] ARAN A, HAREL M, CASSUTO H, et al. Cannabinoid treatment for autism:

a proof – of – concept randomized trial [J]. Molecular Autism, 2021, 12 (1): 6.

[10] SHEBABY W, SALIBA J, FAOUR W H, et al. *In vivo* and *in vitro* anti – inflammatory activity evaluation of Lebanese *Cannabis sativa* L. ssp. *indica* (Lam.) [J]. Journal of Ethnopharmacology, 2021, 270: 113743.

[11] ŚLEDZI ŃSKI P, NOWAK – TERPIŁOWSKA A, ZEYLAND J. Cannabinoids in medicine: cancer, immunity, and microbial diseases [J]. International Journal of Molecular Sciences, 2021, 22: 263.

[12] ARMSTRONG J L, HILL D S, MCKEE C S, et al. Exploiting cannabinoid – induced cytotoxic autophagy to drive melanoma cell death [J]. Journal of Investigative Dermatology, 2015, 135(6):1629 – 1637.

[13] 杨柳秀, 李超然, 高雯. 大麻化学成分及其种属差异研究进展[J]. 中国中药杂志, 2020, 45(15): 3556 – 3564.

[14] 成亮, 孔德云, 胡光. 工业大麻研究. Ⅰ. 甲醇提取物的石油醚萃取和正丁醇萃取部分的化学成分[J]. 中国医药工业杂志, 2008, 39(1): 18 – 21.

[15] 张晓艳, 孙宇峰, 韩承伟, 等. 我国工业大麻产业发展现状及策略分析[J]. 特种经济动植物, 2019, 22(8): 26 – 28.

[16] ASCRIZZI R, CECCARINI L, TAVARINI S, et al. Valorisation of hemp inflorescence after seed harvest: cultivation site and harvest time influence agronomic cha-racteristics and essential oil yield and composition [J]. Industrial Crops and Products, 2019, 139: 111541.

[17] DAHIYA M S, JAIN G C. Inhibitory effects of cannabidiol and tetrahydroca-nnabinol against some soil inhabiting fungi[J]. Indian Drugs, 1977, 14(4): 76 – 79.

[18] MISRA S B, DIXIT S N. Antifungal activity of leaf extracts of some higher plants[J]. Acta Botanica Indica, 1979, 7(2): 147 – 150.

[19] GUPTA S K, BANERJEE A B. Screening of selected West Bengal plants for antifungal activity[J]. Economic Botany, 1972, 26(3): 255 – 259.

[20] PANDEY J, MISHRA S S. Effects of *Cannabis sativa* L. on yield of rabi maize (*Zea mays* L.) [C]. Bihar, India: Annual Conference of Indian Society of

Weed Science, 1982.

[21] RAFIQ M, JAVAID A, SHOAIB A. Antifungal activity of methanolic leaf extract of *Carthamus oxycantha* against *Rhizoctonia solani*[J]. Pakistan Journal of Botany, 2021, 53(3): 1133 – 1139.

[22] 杜军强, 何锦风, 何聪芬, 等. 汉麻叶活性成分及其药理特性的研究概况[J]. 中国医药导报, 2011, 8(31): 9 – 11.

[23] 李春雷, 崔广东, 史高峰, 等. 低毒工业大麻叶的化学成分研究[J]. 中成药, 2009, 31(1): 104 – 105.

[24] 隽惠玲, 史高峰, 李春雷, 等. 低毒大麻叶茎浸膏抑菌作用的研究[J]. 安徽农业科学, 2008, 36(32): 14168 – 14169, 14196.

[25] 张正海, 董艳, 田媛, 等. 工业大麻叶对金黄色葡萄球菌的抑菌机制[J]. 食品与生物技术学报, 2021, 40(5): 95 – 103.

[26] ALI E M M, ALMAGBOUL A Z I, KHOGALI S M E, et al. Antimicrobial activity of *Cannabis sativa* L.[J]. Chinese Medicine, 2012, 3: 61 – 64.

[27] 崔广东, 陈学福, 史高峰, 等. 不同生长期的低毒大麻叶浸膏抑菌作用的研究[J]. 食品科技, 2008(2): 192 – 194.

[28] 张旭, 孙宇峰, 崔宝玉, 等. 超临界 CO_2 萃取汉麻 3 种大麻酚工艺及其抑菌性研究[J]. 化学试剂, 2019, 41(4): 415 – 420.

[29] 郭孟璧, 郭蓉, 郭鸿彦, 等. 工业大麻雌株花叶多糖抑菌活性及稳定性分析[J]. 食品与生物技术学报, 2019, 38(6): 11 – 16.

[30] 吴琼, 王雷, 曹涤非, 等. 汉麻内生菌的分离及其抑菌活性研究[J]. 现代农业科技, 2022(1): 196 – 197.

[31] BENELLI G. Plant – borne compounds and nanoparticles: challenges for medicine, parasitology and entomology[J]. Environmental Science and Pollution Research, 2018, 25: 10149 – 10150.

[32] BAANANOU S, BAGDONAITE E, MARONGIU B, et al. Supercritical CO_2 extract and essential oil of aerial part of *Ledum palustre* L. —chemical composition and anti – inflammatory activity[J]. Natural Product Research, 2015, 29(11): 999 – 1005.

[33] DVORY N, MORAN M, AUREL I, et al. Variation in the compositions of

cannabinoid and terpenoids in *Cannabis sativa* derived from inflorescence position along the stem and extraction methods[J]. Industrial Crops and Products, 2018, 113: 376 – 382.

[34] WANG M, WANG Y H, AVULA B, et al. Quantitative determination of cannabinoids in cannabis and cannabis products using ultra – high – performance supercritical fluid chromatography and diode array/mass spectrometric detection[J]. Journal of Forensic Sciences, 2017, 62(3): 602 – 611.